U0149444

观赏兼食用
植物图鉴
230 种

任全进　廖盼华　徐　鹏　于金平 编

化学工业出版社
·北京·

内容简介

观赏兼食用植物顾名思义就是既具有观赏价值又具有食用价值的植物。《观赏兼食用植物图鉴230种》编者结合三十多年的科研工作经验，收集了230种人们喜闻乐见的观赏兼食用植物，主要介绍了其拉丁名、科属、形态特征、生长习性、观赏价值及园林用途、食用方法。内容科学实用，图文并茂，文字精练，适合广大读者阅读。

本书可作为普通高等院校和职业院校园林、园艺、中医药、农学、林学、植物学等专业师生的教材或教学实习参考书，也可作为园艺爱好者的参考用书。

图书在版编目（CIP）数据

观赏兼食用植物图鉴 230 种 / 任全进等编 . —北京：化学工业出版社，2023.11
ISBN 978-7-122-44193-5

Ⅰ.①观… Ⅱ.①任… Ⅲ.①观赏植物 - 食用植物 - 图录 Ⅳ.① Q949.9-64

中国国家版本馆 CIP 数据核字（2023）第 180263 号

责任编辑：尤彩霞   装帧设计：关 飞
责任校对：李 爽

出版发行：化学工业出版社
    （北京市东城区青年湖南街 13 号 邮政编码 100011）
印 装：北京缤索印刷有限公司
889mm×1194mm 1/32 印张 7½ 字数 250 千字
2024 年 2 月北京第 1 版第 1 次印刷

购书咨询：010-64518888   售后服务：010-64518899
网 址：http://www.cip.com.cn
凡购买本书，如有缺损质量问题，本社销售中心负责调换。

定 价：88.00 元

前 言

近年来，随着社会的发展和人们经济收入的提高，人们对生活品质和身体健康更加关注。城市住宅的提档升级，绿化空间的增大，庭院绿化越来越受到居民推崇。20世纪80年代，风景园林师罗伯特·库克（Robert Kourik）提出了"Edible Landscape"的概念，即可食景观（地景）、食用园林，指在园林设计中运用可食用植物代替观赏性园林植物，并达到一定景观效果。可食景观兼具实用性和观赏游憩功能，生态、绿化、经济效益明显。可食景观的特别之处在于它能够将农业生产和景观相结合，可食景观的公众参与性、可观赏性和生产价值都与一般的景观不尽相同。它的生态价值和精神效益更能够被放大，为高密度城市发展和建设提供更广阔的思路。本书收集了230种人们喜闻乐见的观赏兼食用植物，图文并茂，简单扼要地对其形态特征、生长习性、观赏价值及园林用途、食用方法进行了阐述，内容科学实用，文字精练，适合农业、林业、园林、食品专业院校的学生及相关行业的从业者、广大园艺爱好者阅读。

《观赏兼食用植物图鉴230种》在编写中得到了江苏百绿园林集团有限公司徐鹏高级工程师及南京园林学会、江苏省风景园林协会的支持，在此表示感谢。

由于编者水平有限，书中难免有不足之处，敬请广大读者批评指正。

任全进

2023年6月于江苏省中国科学院植物研究所（南京中山植物园）

目　录

乔木 / 1

1　白兰（白兰花）……………… 1

2　北枳椇（拐枣）……………… 2

3　侧柏 ……………………………… 3

4　垂柳 ……………………………… 4

5　刺槐 ……………………………… 5

6　刺楸 ……………………………… 6

7　大别山冬青 …………………… 7

8　大叶冬青 ……………………… 8

9　杜仲 ……………………………… 9

10　番石榴 ………………………… 10

11　菲油果 ………………………… 11

12　柑橘 …………………………… 12

13　构（构树）…………………… 13

14　合欢 …………………………… 14

15　胡桃楸 ………………………… 15

16　湖北海棠 ……………………… 16

17　花椒 …………………………… 17

18　槐 ……………………………… 18

19　黄连木 ………………………… 19

20　黄皮 …………………………… 20

21　君迁子 ………………………… 21

22　李 ……………………………… 22

23　荔枝 …………………………… 23

24　栗（板栗）…………………… 24

25　龙眼 …………………………… 25

26　栾（栾树）…………………… 26

27　杧果 …………………………… 27

28　梅 ……………………………… 28

29　美国山核桃 …………………… 29

30　木樨（桂花）………………… 30

31　南酸枣 ………………………… 31

32　柠檬 …………………………… 32

33　女贞 …………………………… 33

34　枇杷 …………………………… 34

35　苹果 …………………………… 35

36　楸（楸树）…………………… 36

37　人心果 ………………………… 37

38　桑 ……………………………… 38

39　沙枣 …………………………… 39

40　山核桃 ………………………… 40

41　山楂 …………………………… 41

42　山茱萸 ………………………… 42

43　柿 ……………………………… 43

44 酸豆（酸角）……44

45 桃……45

46 梧桐……46

47 香椿……47

48 香桂（月桂、肉桂）……48

49 小粒咖啡（咖啡树）……49

50 杏……50

51 盐麸木（盐肤木）……51

52 阳桃……52

53 杨梅……53

54 洋蒲桃（莲雾）……54

55 椰子……55

56 野鸦椿……56

57 银杏……57

58 樱桃……58

59 柚（柚子）……59

60 榆树……60

61 玉兰（白玉兰）……61

62 枣……62

灌木 / 63

63 白鹃梅……63

64 茶（茶树）……64

65 臭牡丹……65

66 笃斯越橘（越橘）……66

67 佛手……67

68 枸杞……68

69 胡颓子……69

70 胡枝子……70

71 火棘……71

72 接骨木……72

73 金柑（金橘）……73

74 金樱子……74

75 锦鸡儿……75

76 蜡梅……76

77 玫瑰……77

78 迷迭香……78

79 密蒙花……79

80 茉莉花……80

81 牡丹……81

82 牡荆……82

83 木芙蓉……83

84 木瓜……84

85 木槿……85

86 南烛（乌饭树）……86

87 欧李……87

88 缫丝花……88

89 蛇藨筋（黑莓）……89

90 神秘果……90

91 石榴……91

92 使君子……92

93 酸枣……93

94 文冠果……94

95 无花果……95

96 香橼……96

97 野蔷薇……97

98 郁李 ·········· 98

99 月季花 ·········· 99

100 柘 ·········· 100

101 栀子 ·········· 101

102 中国沙棘（沙棘）········· 102

103 紫丁香 ·········· 103

104 紫叶李 ·········· 104

105 紫玉兰 ·········· 105

半灌木 / 106

106 百里香 ·········· 106

藤本 / 107

107 薜荔 ·········· 107

108 鸡蛋果 ·········· 108

109 栝楼（瓜蒌）········· 109

110 凌霄 ·········· 110

111 萝藦 ·········· 111

112 密花豆（鸡血藤）········ 112

113 木通 ·········· 113

114 葡萄 ·········· 114

115 忍冬（金银花）········ 115

116 中华猕猴桃 ·········· 116

117 紫藤 ·········· 117

草本 / 118

118 凹叶景天 ·········· 118

119 八宝景天 ·········· 119

120 白车轴草 ·········· 120

121 白茅 ·········· 121

122 百合 ·········· 122

123 百日菊 ·········· 123

124 败酱 ·········· 124

125 半枝莲 ·········· 125

126 薄荷 ·········· 126

127 北葱 ·········· 127

128 荸荠 ·········· 128

129 菜蓟 ·········· 129

130 巢蕨（鸟巢蕨）········· 130

131 车前 ·········· 131

132 垂盆草 ·········· 132

133 春兰（兰花）········· 133

134 刺芹 ·········· 134

135 丹参 ·········· 135

136 灯笼果 ·········· 136

137 地肤 ·········· 137

138 地笋 ·········· 138

139 地榆 ·········· 139

140 东风菜 ·········· 140

141 多花黄精 ·········· 141

142 番红花
（西红花、藏红花）········142

143 翻白草 ·········· 143

144 费菜（景天三七）········· 144

145 蜂斗菜 ·········· 145

146 凤仙花 ·········· 146

147 菰（茭白）········· 147

148 杭白菊 …………………… 148

149 红花酢浆草 ………………… 149

150 华东山芹（山芹）………… 150

151 华夏慈姑（慈姑）………… 151

152 黄花菜 …………………… 152

153 黄精 ……………………… 153

154 活血丹 …………………… 154

155 藿香 ……………………… 155

156 鸡冠花 …………………… 156

157 蕺菜（鱼腥草）…………… 157

158 荚果蕨 …………………… 158

159 姜花 ……………………… 159

160 接骨草 …………………… 160

161 金荞麦 …………………… 161

162 锦葵 ……………………… 162

163 荆芥 ……………………… 163

164 桔梗 ……………………… 164

165 菊花 ……………………… 165

166 菊芋 ……………………… 166

167 决明 ……………………… 167

168 宽叶韭 …………………… 168

169 狼尾花 …………………… 169

170 莲（荷花）………………… 170

171 留兰香 …………………… 171

172 龙牙草 …………………… 172

173 芦荟 ……………………… 173

174 芦苇 ……………………… 174

175 芦竹 ……………………… 175

176 轮叶沙参 ………………… 176

177 罗勒 ……………………… 177

178 落葵 ……………………… 178

179 马鞭草 …………………… 179

180 马齿苋 …………………… 180

181 马兰 ……………………… 181

182 马蹄金 …………………… 182

183 绵枣儿 …………………… 183

184 牡蒿 ……………………… 184

185 柠檬草 …………………… 185

186 牛至 ……………………… 186

187 欧菱 ……………………… 187

188 苹果薄荷（花叶薄荷）…… 188

189 萍蓬草 …………………… 189

190 蒲公英 …………………… 190

191 千里光 …………………… 191

192 千屈菜 …………………… 192

193 千日红 …………………… 193

194 芡（芡实）………………… 194

195 青葙 ……………………… 195

196 秋英（波斯菊）…………… 196

197 瞿麦 ……………………… 197

198 芍药 ……………………… 198

199 肾茶 ……………………… 199

200 石斛 ……………………… 200

201 蜀葵 ……………………… 201

202 水芹 ……………………… 202

203 睡莲 ……………………… 203

204 菘蓝（板蓝根）·············· 204

205 天门冬 ·················· 205

206 土人参 ·················· 206

207 夏枯草 ·················· 207

208 香茶菜 ·················· 208

209 香蒲 ···················· 209

210 蘘荷 ···················· 210

211 向日葵 ·················· 211

212 小花糖芥（糖芥）········· 212

213 荇菜 ···················· 213

214 萱草 ···················· 214

215 薰衣草 ·················· 215

216 鸭儿芹 ·················· 216

217 艳山姜（花叶艳山姜）···· 217

218 野菊 ···················· 218

219 薏苡 ···················· 219

220 玉簪 ···················· 220

221 玉竹 ···················· 221

222 月见草 ·················· 222

223 浙贝母 ·················· 223

224 诸葛菜（二月兰）········· 224

225 紫萼 ···················· 225

226 紫花地丁 ················ 226

227 紫娇花 ·················· 227

228 紫苏 ···················· 228

229 紫菀 ···················· 229

230 紫叶鸭儿芹 ·············· 230

乔木

1 白兰（白兰花）

Michelia × *alba* DC.

科属：木兰科含笑属

形态特征：常绿乔木。枝广展，呈阔伞形树冠。树皮灰色。叶薄革质，长椭圆形或披针状椭圆形，叶色浓绿。花洁白清香，花期4～9月份，夏季盛开，通常不结实。

生长习性：喜光照，怕高温，不耐寒，适合于微酸性土壤。喜温暖湿润，不耐干旱和水涝。

观赏价值及园林用途：株形优美，花芳香，是著名的庭园观赏树种，多栽为行道树。

食用方法：将花瓣洗净，可炒食、做汤、煮粥、和面炸食。

2 北枳椇(拐枣)

Hovenia dulcis Thunb.

科属：鼠李科枳椇属

形态特征：落叶高大乔木，稀灌木。叶纸质或厚膜质，卵圆形、宽矩圆形或椭圆状卵形。花黄绿色，排成不对称的顶生、稀兼腋生的聚伞圆锥花序。浆果状核果近球形，成熟时黑色。花期5～7月份，果期8～10月份。

生长习性：喜光，耐寒，喜温暖湿润气候。

观赏价值及园林用途：树干端直，树皮洁净，发枝力强，冠大荫浓，白花满枝，清香四溢，病虫害少，适于庭院绿化、行道树、采种园、采药园或防护林等多种用途栽植。

食用方法：果序轴肥厚，含丰富的糖，可生食、酿酒、熬糖，民间常用以浸制"拐枣酒"。

3 侧柏

Platycladus orientalis (L.) Franco

科属：柏科侧柏属

形态特征：常绿乔木。小枝直展，扁平，排成一平面，叶鳞形。雌雄同株。球果近卵圆形，成熟前近肉质，蓝绿色，被白粉，成熟后木质，开裂，红褐色。花期3～4月份，球果10月份成熟。

生长习性：喜光，幼时稍耐阴，适应性强。

观赏价值及园林用途：可用于行道、庭园、大门两侧、绿地周围、路边花坛及墙垣内外，均极美观。小苗可作绿篱、隔离带围墙点缀。夏绿冬青，不遮光线，不碍视野，尤其在雪中更显生机。丛植于窗下、门旁，极具点缀效果；配植于草坪、花坛、山石、林下，可增加绿化层次，丰富观赏美感。

食用方法：食用部位为种子仁，可炖汤、煮粥、做甜品，例如，柏子仁炖猪心、柏子仁煮花生、柏子仁粥以及茯苓双仁蜜饮（松子仁和柏子仁）等。

4 垂柳

Salix babylonica L.

科属：杨柳科柳属

形态特征：落叶乔木，树冠开展而疏散。叶狭披针形或线状披针形，托叶仅生在萌发枝上。花序先叶开放，或与叶同时开放。蒴果带绿黄褐色。花期3～4月份，果期4～5月份。

生长习性：耐寒，耐涝，耐旱，喜温暖至高温，对环境的适应性很广。

观赏价值及园林用途：树形优美，放叶、开花早，早春满树嫩绿，具有很高的观赏价值，是美化庭院的理想树种。

食用方法：采嫩叶洗净，开水焯熟，捞出来加点盐、麻油调味即可食用，也可晒干制茶。

5 刺槐

Robinia pseudoacacia L.

科属：豆科刺槐属

形态特征：落叶乔木，小枝具托叶刺。羽状复叶，常对生，椭圆形、长椭圆形或卵形。总状花序腋生，下垂，花白色。荚果褐色或具红褐色斑纹。花期4～6月份，果期8～9月份。

生长习性：温带树种，喜土层深厚、肥沃、疏松、湿润的壤土。

观赏价值及园林用途：树冠高大，叶色鲜绿，每当开花季节绿白相映，素雅而芳香。冬季落叶后，枝条疏朗向上，很像剪影，造型有国画韵味，可作为行道树、庭荫树。

食用方法：花采摘后可以做汤、拌菜、焖饭，亦可做槐花糕、包饺子，日常生活中最常见的就是蒸槐花（又名槐花麦饭）。

6 刺楸

Kalopanax septemlobus (Thunb.) Koidz.

科属：五加科刺楸属

形态特征：落叶乔木。小枝具粗刺。叶在长枝上互生，短枝上簇生；叶片纸质；叶片近圆形，裂片三角状圆卵形至长椭圆状卵形，叶上面深绿色。伞形花序合成顶生的圆锥花丛，花丝细长。果实近于圆球形，扁平。花期7～10月份，果期9～12月份。

生长习性：喜阳光充足和湿润的环境，稍耐阴，耐寒冷，适宜在含腐殖质丰富、土层深厚、疏松且排水良好的中性或微酸性土壤中生长。

观赏价值及园林用途：叶形美观，叶色浓绿，树干通直挺拔，作行道树或园林配植。

食用方法：嫩叶采摘后可供食用，气味清香、品质极佳，是美味的野菜。

7 大别山冬青

Ilex dabieshanensis K. Yao & M. B. Deng

科属： 冬青科冬青属

形态特征： 常绿小乔木。叶生于1～2年生枝上，叶片厚革质，卵状长圆形、卵形或椭圆形。雄花序呈密团状簇生于1～2年生枝的叶腋内，花黄绿色（未完全展开的花蕾），雌花未见。果簇生于叶腋内，果近球形或椭圆形，具纵棱沟，干时暗褐色，内果皮革质。花期3～4月份，果期10月份。

生长习性： 喜温暖湿润气候，抗性强。喜阳光，有一定的耐阴性，喜酸性土壤，耐干旱。

观赏价值及园林用途： 叶色青翠，果实红艳，是秋冬季节观赏性极高的庭院美化树种。可栽植于公园草坪、庭院前后、山石、土丘等处。冬季与白雪相互衬托，绽放出另外一种美，观赏效果丝毫不逊色于夏天的色彩缤纷。

食用方法： 叶可制作冬青茶，具有消炎、降脂等药用保健功效。

8 大叶冬青

Ilex latifolia Thunb.

科属：冬青科冬青属

形态特征：常绿大乔木。叶生于1～3年生枝上，叶片厚革质，长圆形或卵状长圆形。由聚伞花序组成的假圆锥花序生于二年生枝的叶腋内，花淡黄绿色。雄花：假圆锥花序的每个分枝具3～9花，呈聚伞花序状。雌花：花序的每个分枝具1～3花。果球形，成熟时红色，外果皮厚，平滑，内果皮骨质。花期4月份，果期9～10月份。

生长习性：喜温暖湿润、阳光充足的环境，耐寒性强，耐半阴，不耐土壤干旱和空气干燥，忌积水、怕盐碱，萌芽力强。

观赏价值及园林用途：干形通直，枝叶繁茂，一年中叶、花、果、色相变化丰富，观赏价值高，适合在庭院、住宅小区以及公园中应用。

食用方法：嫩叶还可以做成大叶冬青苦丁茶，是苦丁茶的一种，也是我国一种传统的纯天然保健饮料佳品，成品茶清香有苦味、后甘凉。

9 杜仲

Eucommia ulmoides Oliver

科属: 杜仲科杜仲属

形态特征: 落叶乔木。树皮内含橡胶,折断拉开有多数细丝。叶椭圆形、卵形或矩圆形,薄革质。花生于当年枝基部,雄花无花被,雌花单生。翅果扁平,长椭圆形,周围具薄翅;坚果位于中央,稍突起。早春开花,秋后果实成熟。

生长习性: 喜温暖湿润气候和阳光充足的环境,能耐严寒。

观赏价值及园林用途: 枝叶茂密,树干端直,树冠整齐,生长比较快,可作为庭荫树和行道树应用。

食用方法: 杜仲嫩叶可以制茶泡茶,杜仲的干燥树皮可以泡酒饮用。果实不能食用。

10　番石榴

Psidium guajava L.

科属：桃金娘科番石榴属

形态特征：常绿乔木，树皮片状剥落。叶片革质，长圆形至椭圆形。花单生或2～3朵排成聚伞花序，花白色。浆果球形、卵圆形或梨形。

生长习性：适宜热带气候，生长于荒地或低丘陵上。

观赏价值及园林用途：树形优美，树皮平滑，白花轻盈透亮，可作盆栽或庭院观赏植物。

食用方法：果实既可做新鲜水果生吃，也可煮食，制作成果酱、果冻、酸辣酱等各种酱料。

11 菲油果

Acca sellowiana (O. Berg) Burret

科属：桃金娘科野凤榴属

形态特征：常绿小乔木。枝圆柱形，灰褐色。叶片革质，椭圆形或倒卵状椭圆形。花瓣外面有灰白色绒毛，内面带紫色；雄蕊与花柱略红色。浆果卵圆形或长圆形，外面有灰白色绒毛，顶部有宿存的萼片。花期为5～6月份，果期为6～11月份。

生长习性：喜光，喜温暖湿润环境，耐热，较耐寒。

观赏价值及园林用途：株形优雅，花奇特美丽，是庭院、居住区及滨海盐碱地绿化的优良选择。

食用方法：花瓣可食用，且口感较甜，营养丰富。果实鲜食，还可加工成果酒、果汁、果酱、果冻、蜜饯、酸辣酱、冰激凌等。

12 柑橘

Citrus reticulata Blanco

科属：芸香科柑橘属

形态特征：常绿小乔木。单生复叶，翼叶通常狭窄，或仅有痕迹，叶片披针形、椭圆形或阔卵形，大小变异较大，顶端常有凹口。花单生或2～3朵簇生，花柱细长，柱头头状。果形通常扁圆形至近圆球形，果皮甚薄而光滑，或厚而粗糙，淡黄色、朱红色或深红色，甚易或稍易剥离，橘络呈网状，果肉酸或甜，或有苦味，或另有特异气味。花期4～5月份，果期10～12月份。

生长习性：喜温暖湿润气候。

观赏价值及园林用途：四季常青，树姿美丽，果实橘黄，色泽艳丽，集赏花、观果、闻香于一体，是一种很好的庭园观赏植物，也适合盆栽观赏。

食用方法：常见水果，可以鲜食、榨汁，制作甜品、罐头等。

13 构（构树）

Broussonetia papyrifera (Linnaeus) L′Heritier ex Ventenat

科属：桑科构属

形态特征：落叶乔木，小枝密生柔毛。叶螺旋状排列，广卵形至长椭圆状卵形。花雌雄异株；雄花序为柔荑花序，雌花序球形头状。聚花果，成熟时橙红色，肉质。花期4～5月份，果期6～7月份。

生长习性：平原、丘陵或山地都能生长，喜光，耐寒耐旱，较耐水湿，喜酸性土壤。

观赏价值及园林用途：枝叶茂密，花果艳丽，是良好的观叶观果树种，可作孤赏树、庭院树及风景林树。

食用方法：果酸甜，可直接食用，但需除去灰白色膜状宿萼及杂质。花洗净后和面粉拌匀，蒸熟后蘸酱吃。嫩芽叶开水焯熟后凉拌或做饺子馅。

14 合欢

Albizia julibrissin Durazz.

科属：豆科合欢属

形态特征：落叶乔木。二回羽状复叶，总叶柄近基部及最顶一对羽片着生处各有1枚腺体。头状花序于枝顶排成圆锥花序；花粉红色。荚果带状，嫩荚有柔毛，老荚无毛。花期6～7月份，果期8～10月份。

生长习性：喜温暖湿润和阳光充足环境。

观赏价值及园林用途：树形优美，叶形纤细如羽，昼开夜合，夏季绒花盛开满树，秀丽雅致，且花期长，是美丽的庭园观赏树种。宜作庭荫树、行道树。将其种植在林缘、房前、草坪、山坡上，可以起到点缀的效果。

食用方法：合欢花夏天食用有清热解暑、养颜美容的功效。合欢花晒干后，可以单泡水；和蜂蜜或者白糖搭配；或做成粥类炖汤食用。

15 胡桃楸

Juglans mandshurica Maxim.

科属：胡桃科胡桃属

形态特征：落叶乔木。奇数羽状复叶，小叶椭圆形至长椭圆形，或卵状椭圆形至长椭圆状披针形，边缘具细锯齿。雄性柔荑花序，雌性穗状花序。果实球状、卵状或椭圆状，果核表面具8条纵棱，其中两条较显著。花期5月份，果期8～9月份。

生长习性：喜光耐寒，多生长于土质肥厚、湿润、排水良好的沟谷两旁或山坡的阔叶林中。

观赏价值及园林用途：树干通直，叶长，叶面大而舒展，果挂枝头青绿可人，可栽作庭荫树。孤植、丛植于草坪，或列植于路边均合适，是东北地区极具观赏价值的乡土绿化树种。

食用方法：食用部位为胡桃楸种仁。秋季采摘胡桃楸核果，去壳洗净种仁，可以直接生食、蘸糖、炒食、炖食、煮汤。

16　湖北海棠

Malus hupehensis (Pamp.) Rehder

科属： 蔷薇科苹果属

形态特征： 落叶乔木。小枝最初有短柔毛，不久脱落，老枝紫色至紫褐色；冬芽卵形，先端急尖，鳞片边缘有疏生短柔毛，暗紫色。果实椭圆形或近球形，黄绿色稍带红晕。花期4～5月份，果期8～9月份。

生长习性： 喜光，喜温暖、湿润气候，较耐湿、耐寒，并有一定的抗盐能力，耐旱能力也较强。

观赏价值及园林用途： 花蕾时粉红，开后粉白，小果红色，春秋两季观花，是优良绿化观赏树种。

食用方法： 嫩叶可以制成茶饮，花去杂洗净，可糖拌、制糕点、作配菜、做甜羹，果实成熟可以食用。

17 花椒

Zanthoxylum bungeanum Maxim.

科属： 芸香科花椒属

形态特征： 落叶小乔木。有小叶，小叶对生，卵形、椭圆形、稀披针形，位于叶轴顶部的叶较大，近基部的叶有时圆形。花序顶生或生于侧枝之顶，花被片黄绿色。果紫红色，单个分果瓣散生微凸起的油点。花期4～5月份，果期8～9月份或10月份。

生长习性： 喜光，适宜温暖湿润及土层深厚肥沃壤土、沙壤土。

观赏价值及园林用途： 枝条苍劲、小叶翠绿，香气浓郁，春天盛开的白花和绿野映衬，引人入胜。秋天果红似火，压满枝头，色彩艳丽迷人，极具观赏价值。在地埂埝边、荒坡荒山都能栽植，能够防风固土、绿化和美化环境。

食用方法： 中国特有的香料，位列调料"十三香"之首。无论红烧、卤味、小菜、四川泡菜、鸡鸭鱼羊牛等菜肴均可用到它，也可炒熟粗磨成粉和盐拌匀为椒盐（一般花椒与盐一起翻炒后再磨粉），供蘸食用。

18 槐

Styphnolobium japonicum (L.) Schott

科属：豆科槐属

形态特征：落叶乔木。奇数羽状复叶，互生。圆锥花序顶生，常呈金字塔形，花冠白色或淡黄色。荚果串珠状。花期7～8月份，果期8～10月份。

生长习性：喜光而稍耐阴。能适应较冷气候，对土壤要求不严。

观赏价值及园林用途：庭院常用的特色树种，其枝叶茂密，绿荫如盖，适作庭荫树。槐树木质坚硬，可为绿化树、行道树等。

食用方法：花蕾可以搭配大黄一起做汤，还可以煮粥或直接泡茶。

19 黄连木

Pistacia chinensis Bunge

科属：漆树科黄连木属

形态特征：落叶乔木。偶数羽状复叶，互生。花单性，雌雄异株，花形小，红色。核果球形，熟时呈红色或紫蓝色。花期2～4月份，果期8～11月份。

生长习性：喜光，耐寒，耐干旱瘠薄，抗风能力强，抗空气污染。

观赏价值及园林用途：树冠阔大浑圆，枝叶秀丽繁茂，早春嫩叶红色，入秋后叶片变成橙红或橙黄，红色的雌花序似鸡冠，极美观，是城市及风景区的优良绿化树种。宜作庭荫树、行道树及观赏风景树，也常作"四旁"绿化及低山区造林树种。

食用方法：在4～6月份采摘嫩芽，嫩芽和种子可食，果实不能食用。嫩叶可代茶，还可腌食。种子既可以榨油，也可炒制一下，当作瓜子食用。

20 黄皮

Clausena lansium (Lour.) Skeels

科属：芸香科黄皮属

形态特征：常绿小乔木。小叶卵形或卵状椭圆形，常一侧偏斜。圆锥花序顶生，果圆形、椭圆形或阔卵形，淡黄至暗黄色，被细毛。花期4～5月份，果期7～8月份。

生长习性：喜温暖、湿润、阳光充足的环境。对土壤要求不严。

观赏价值及园林用途：树冠浓绿，树姿优美，开花时香气袭人，常种植于庭院中供观赏。

食用方法：果实营养成分丰富，除鲜食外，还可加工制成果冻、果酱、果干、蜜饯等。

21 君迁子

Diospyros lotus L.

科属：柿科柿属

形态特征：落叶大乔木。幼树树皮平滑，浅灰色，老时则深纵裂；小枝灰色至暗褐色，具灰黄色皮孔；芽具柄，密被锈褐色盾状着生的腺体。叶近膜质，椭圆形至长椭圆形，先端渐尖或急尖，基部钝，宽楔形以至近圆形，上面深绿色，有光泽，雄性柔荑花序，单独生于去年生枝条上叶痕腋内，雌性柔荑花序顶生，果实长椭圆形，花期4～5月份，果熟期8～9月份。

生长习性：性强健，阳性，耐寒，耐干旱瘠薄，很耐湿，抗污染，喜肥沃深厚土壤。

观赏价值及园林用途：树形姿态优美，做行道树或庭院树。

食用方法：成熟果实可供食用，亦可制成柿饼；又可制糖、酿酒、制醋。

22 李

Prunus salicina Lindl.

科属：蔷薇科李属

形态特征：落叶乔木。叶片长圆倒卵形、长椭圆形，稀长圆卵形，边缘有圆钝重锯齿，常混有单锯齿，幼时齿尖带腺。花通常3朵并生，花瓣白色，有明显带紫色脉纹。核果球形、卵球形或近圆锥形，栽培品种黄色或红色，有时为绿色或紫色，外被蜡粉。花期4月份，果期7～8月份。

生长习性：适宜气候凉爽、较干燥的丘陵区，对气候适应性强，极不耐积水。

观赏价值及园林用途：花色雪白，丰盛繁茂，果实颜色艳丽，观赏效果佳，适宜作观赏树。可孤植、丛植及群植于公园绿地、山坡、水畔、庭院等地。

食用方法：果可生食，常被用来制作果汁、李子干、蜜饯、果酱、罐头之类的食品。

23　荔枝

Litchi chinensis Sonn.

科属： 无患子科荔枝属

形态特征： 常绿乔木。小叶薄革质或革质，披针形或卵状披针形，有时长椭圆状披针形，腹面深绿色，有光泽，背面粉绿色，两面无毛。花序顶生，阔大；萼被金黄色短绒毛。果卵圆形至近球形，成熟时通常暗红色至鲜红色；种子全部被肉质假种皮包裹。花期春季，果期夏季。

生长习性： 喜高温高湿、喜光向阳，它的遗传性要求花芽分化期要有相对低温，但最低气温在 $-4 \sim -2℃$ 又会遭受冻害；开花期天气晴朗温暖而不干热最有利，湿度过低，阴雨连绵或天气干热或强劲北风均不利于开花授粉。

观赏价值及园林用途： 荔枝为南方珍贵果树，也常在公园或庭院中种植观赏。树冠高大，苍翠美观，开绿白色或淡黄色的小花，美丽而芳香，植于池边、湖畔，绛果翠叶，垂映水中，也成佳境。

食用方法： 果除鲜食外，可制荔枝干、果汁罐头、酿酒等，还可用来制作甜品如荔枝大枣羹、银耳糯米荔枝、荔枝莲子粥、荔枝浆等。

24 栗（板栗）

Castanea mollissima Blume

科属：壳斗科栗属

形态特征：落叶乔木，茎枝较粗，呈圆柱形，茎枝表面深绿色，有细纵纹和小绒毛。叶多卷曲，具短柄，叶片呈椭圆形，叶背面黄褐色，幼叶被细茸毛。花朵较小，淡黄色，花冠较大，柱头黄色。花期5～6月份，果期7～8月份。

生长习性：喜阳光充足、气候湿润，耐寒、耐旱，喜沙质土壤。

观赏价值及园林用途：株形优美，秋季果实累累，庭院及"四旁"绿化经济树种。

食用方法：果可生食或炒食，也可脱壳磨粉制糕点、栗子豆腐等副食品。

25 龙眼

Dimocarpus longan Lour.

科属：无患子科龙眼属

形态特征：常绿乔木。小叶薄革质，长圆状椭圆形至长圆状披针形，两侧常不对称。花序大型，多分枝，顶生和近枝顶腋生，密被星状毛，花瓣乳白色。果近球形，通常黄褐色或有时灰黄色，外面稍粗糙，或少有微凸的小瘤体；种子全部被肉质的假种皮包裹。花期春夏间，果期夏季。

生长习性：喜高温多湿，耐旱、耐酸、耐瘠，忌浸忌涝，在红壤丘陵地、旱平地生长良好。

观赏价值及园林用途：是著名的热带水果，属于观叶、观果植物，为优良的庭园风景树和绿荫树。

食用方法：鲜龙眼可直接食用，烘成干果后即成为中药里的桂圆，可用于泡茶或煲粥、煲汤、煮糖水。

26　栾（栾树）

Koelreuteria paniculata Laxm.

科属：无患子科栾属

形态特征：落叶乔木。奇数羽状复叶，嫩叶紫红，秋叶金黄。圆锥形花序大，顶生，花黄色，中心紫色。蒴果三角状卵形，成熟后为橘红色或红褐色。花期7～8月份，果熟期10月份。

生长习性：喜光而能耐半阴，耐寒，耐干旱瘠薄，不择土壤，可耐轻度盐碱和短时间水涝。

观赏价值及园林用途：是一种非常美丽的街道绿化树，具有很高的观赏价值，春赏叶、夏观花、秋冬赏景，有着一年四季的美。除此之外，栾树还抗污染，它可以吸附大量的有害粉尘颗粒和一些有害气体。

食用方法：早春的栾树嫩芽，采后不能直接食用，需开水焯熟，清水浸泡后去除苦味，加入油盐调拌食用。

27 杧果

Mangifera indica L.

科属：漆树科杧果属

形态特征：常绿大乔木。叶薄革质，常集生于枝顶，叶形和大小变化较大，通常为长圆形或长圆状披针形。圆锥花序，多花密集，花黄色或淡黄色。核果大，肾形（栽培品种其形状和大小变化极大），压扁状，成熟时黄色，中果皮肉质，肥厚，鲜黄色。12月～翌年2月份开花，有时会提前至11月份或延迟到3月份，盛花期春节前后。7～8月份结果。

生长习性：适宜温暖阳光充足的环境，不耐寒霜。

观赏价值及园林用途：树冠球形，常绿，郁闭度大，为热带良好的庭园和行道树种。

食用方法：果实是一种水果，直接生吃，也可制果汁、果酱、罐头、蜜饯等。

28 梅

Prunus mume Siebold & Zucc.

科属：蔷薇科李属

形态特征：落叶小乔木，稀灌木。叶片卵形或椭圆形，叶边常具小锐锯齿，灰绿色。花单生或有时2朵同生于1芽内，香味浓，先于叶开放，花瓣倒卵形，白色至粉红色。果实近球形，黄色或绿白色，被柔毛，味酸；果肉与核粘贴。花期冬春季，果期5～6月份（在华北地区果期延至7～8月份）。

生长习性：喜温暖湿润气候和阳光充足的环境，能耐寒、耐旱、怕水涝。在土层深厚、肥沃、排水良好的沙质壤土生长良好。

观赏价值及园林用途：不畏寒冷，花开较早，花色艳丽，花香扑鼻，观赏价值很高，既适于庭院栽培，也适于花园群植。梅桩可制作盆景，花宜瓶插。

食用方法：果实是具有特殊风味的经济果品，除生食外，人们还常把它加工成话梅、渍梅、梅干、梅膏、陈平梅，还可制成梅酒和梅醋。

29　美国山核桃

Carya illinoinensis (Wangenheim) K. Koch

科属：胡桃科山核桃属

形态特征：落叶大乔木，树皮粗糙，深纵裂。奇数羽状复叶，小叶具极短的小叶柄，卵状披针形至长椭圆状披针形。雄性柔荑花序，腋生，雌性穗状花序直立，花序轴密被柔毛。果实矩圆状或长椭圆形。5月份开花，9～11月份果成熟。

生长习性：喜温暖湿润气候，较耐寒。

观赏价值及园林用途：树体高大雄伟，树干端直，枝叶茂密，树姿优美，生命周期长，结果期果实和叶子相映生辉，是庭院美化和城市绿化的优良树种，在园林中是优良的上层骨干树种。

食用方法：果仁可生食或炒食，也可制作成各种美味点心。

30 木樨（桂花）

Osmanthus fragrans Lour.

科属：木樨科木樨属

形态特征：常绿乔木或灌木。叶片革质，椭圆形、长椭圆形或椭圆状披针形。聚伞花序簇生于叶腋，或近于帚状，每腋内有花多朵，花冠黄白色、淡黄色、黄色或橘红色。果歪斜，椭圆形，呈紫黑色。花期9～10月上旬，果期翌年3月份。

生长习性：喜温暖、湿润气候。

观赏价值及园林用途：中国十大传统名花之一，木樨集绿化、美化、香化于一身，是中秋佳节赏花的必备之选。叶片四季常绿，并且花朵在开放时呈金黄色，开花时还会散发出淡淡的清香，在园林中应用普遍，常作园景树，可孤植、对植，或成丛成林栽种。

食用方法：木樨花吃法较多，或腌制或做成糕点、甜汤，或窨茶酿酒入馔。

31 南酸枣

Choerospondias axillaris (Roxb.) B. L. Burtt & A. W. Hill

科属：漆树科南酸枣属

形态特征：落叶乔木。奇数羽状复叶互生，小叶对生。花单性或杂性异株，雄花和假两性花组成圆锥花序，雌花单生于上部叶腋。核果椭圆形或倒卵状椭圆形，成熟时黄色。花期4月份，果期8～10月份。

生长习性：喜光，略耐阴，喜温暖湿润气候，适宜生长于深厚肥沃而排水良好的酸性或中性土壤。

观赏价值及园林用途：干直荫浓，落叶前叶色变红，混交林内层林尽染，平添山间美色，是较好的庭荫树和行道树，适宜在各类园林绿地中孤植或丛植。

食用方法：果实甜酸，可生食、酿酒和加工酸枣糕。

32 柠檬

Citrus ×limon (Linnaeus) Osbeck

科属：芸香科柑橘属

形态特征：常绿小乔木，枝少刺或近于无刺。叶片厚纸质，卵形或椭圆形。单花腋生或少花簇生。果椭圆形或卵形，果皮厚，通常粗糙，柠檬果黄色，果汁酸至甚酸。花期4～5月份，果期9～11月份。

生长习性：喜温暖，耐阴，不耐寒，也怕热，适宜在冬暖夏凉的亚热带地区栽培。

观赏价值及园林用途：柠檬花、叶、果兼美，枝叶常绿，叶片革质，叶色具有光泽。花香清淡、怡人。柠檬果大，皮光，气味芳香，成熟时为喜人的黄色，挂果时间长，果实美观诱人。

食用方法：果实可加工成各种饮料、果酱、罐头等，还能作西餐的调味品。

33　女贞

Ligustrum lucidum Ait.

科属：木犀科女贞属

形态特征：常绿乔木，有时呈灌木状。叶片常绿，革质，卵形、长卵形或椭圆形至宽椭圆形。顶生圆锥花序，花小，白色。果肾形或近肾形，深蓝黑色，成熟时呈红黑色，被白粉。花期6月份，果成熟11～12月份。

生长习性：喜温暖、湿润气候，有一定的耐寒能力，能忍受短时间的低温。

观赏价值及园林用途：园林中常见的观赏树种，可用于庭院孤植或丛植，亦作为行道树，可用作绿篱。

食用方法：果实晒干后可作食材，一般用于泡茶、炖汤、煮粥。

34 枇杷

Eriobotrya japonica (Thunb.) Lindl.

科属：蔷薇科枇杷属

形态特征：常绿小乔木。叶片革质，披针形、倒披针形、倒卵形或椭圆长圆形。圆锥花序顶生，花瓣白色。果实球形或长圆形，黄色或橘黄色，外有锈色柔毛，不久脱落。花期10～12月份，果期5～6月份。

生长习性：喜光，稍耐阴，喜温暖气候。

观赏价值及园林用途：树形优美，枝叶茂密。花期、果期都有很高的观赏价值，可作为庭院绿化和风景区道路绿化树种。

食用方法：果供生食、蜜饯和酿酒用。

35 苹果

Malus pumila Mill.

科属： 蔷薇科苹果属

形态特征： 落叶乔木。叶片椭圆形、卵形至宽椭圆形，边缘具有圆钝锯齿，幼嫩时两面具短柔毛，长成后上面无毛。伞房花序，集生于小枝顶端，花瓣白色，含苞未放时带粉红色。果实扁球形，先端常有隆起，萼洼下陷。花期5月份，果期7～10月份。

生长习性： 喜低温干燥的温带气候。

观赏价值及园林用途： 树形高大，春季观花，白润晕红；秋时赏果，果实色艳，是观赏结合食用的优良树种，在适宜栽培的地区可配植成"苹果村"式的观赏果园；可列植于道路两侧。

食用方法： 一种常见水果，可生食或煮熟食用，也可做成苹果干、苹果酱、果子冻等。

36 楸（楸树）

Catalpa bungei C. A. Mey.

科属：紫葳科梓属

形态特征：落叶乔木。叶三角状卵形或卵状长圆形，顶端长渐尖，基部截形、阔楔形或心形，叶面深绿色。顶生伞房状总状花序。花冠淡红色，内面具有2黄色条纹及暗紫色斑点。蒴果线形。种子狭长椭圆形。花期5～6月份，果期6～10月份。

生长习性：喜光树种，喜温暖湿润气候，不耐寒冷，不耐干旱，也不耐水湿。

观赏价值及园林用途：树形优美、花大色艳，具有较高的观赏价值和绿化效果，适合作行道树。

食用方法：嫩叶可食，花可炒菜或提炼芳香油。

37 人心果

Manilkara zapota (L.) van Royen

科属：山榄科铁线子属

形态特征：常绿乔木，栽培种常较矮，且常呈灌木状。叶互生，密聚于枝顶，革质，长圆形或卵状椭圆形。花1～2朵生于枝顶叶腋，花冠白色。浆果纺锤形、卵形或球形，褐色，果肉黄褐色；种子扁。花果期4～9月份。

生长习性：喜高温和肥沃的沙质壤土，适应性较强，不耐寒。

观赏价值及园林用途：树姿婆娑可爱，满树果实累累，果实营养价值高。在南方小庭园中栽植，既可观赏又可食用，也可盆栽摆放于宾馆大堂、商厦大厅等大型场所，别具一格。

食用方法：果实成熟之后可以鲜食，也可加工制果酱、果汁、干片和果晶等，还可当作蔬菜食用，可以切片做菜吃，无论是烹、炒、炸，还是拌凉菜等都是很好的食用方法。

38 桑

Morus alba L.

科属：桑科桑属

形态特征：落叶乔木或灌木。叶卵形或广卵形，托叶早落。花单性，腋生或生于芽鳞腋内，与叶同时生出。聚花果卵状椭圆形，成熟时红色或暗紫色。花期4～5月份，果期5～8月份。

生长习性：喜光，不耐庇荫，适温暖气候。

观赏价值及园林用途：树冠宽广，枝叶繁茂，宜作庭荫树、庭院观赏树。尤适工矿区园林绿化及"四旁"绿化。

食用方法：果肉可生食，可酿酒。

39 沙枣

Elaeagnus angustifolia L.

科属：胡颓子科胡颓子属

形态特征：落叶乔木或小乔木，棕红色，发亮，幼枝叶和花果均密被银白色鳞片。叶薄纸质，矩圆状披针形至线状披针形。花银白色，果实椭圆形，果肉粉质。花期5～6月份，果期9月份。

生长习性：生活力很强，抗旱，抗风沙，耐盐碱，耐贫瘠。

观赏价值及园林用途：沙枣是一种观叶植物，叶形似柳而色灰绿，叶背有银白色光泽，花银白色，也非常适合作盐碱地和沙荒地区的绿化用树。

食用方法：果肉能够泡水、生吃或作熟菜，某些地区如新疆将果子磨粉掺在面粉内代正餐，也可以制酒、制醋酱、点心等食品。

40 山核桃

Carya cathayensis Sarg.

科属： 胡桃科山核桃属

形态特征： 落叶乔木；树皮平滑，灰白色，光滑；小枝细瘦，新枝密被盾状着生的橙黄色腺体，后来腺体逐渐稀疏。叶轴被毛较密且不易脱落，有小叶5～7枚。雄花具短柄；雌性穗状花序直立。4～5月份开花，9月份果成熟。

生长习性： 喜温暖湿润性气候，耐寒。

观赏价值及园林用途： 树形优美，秋季观果，适合庭院、公园等种植。

食用方法： 果实可生食、炒食，是深受人们喜爱的休闲食品。

41 山楂

Crataegus pinnatifida Bge.

科属：蔷薇科山楂属

形态特征：落叶乔木。叶片宽卵形或三角状卵形，稀菱状卵形。伞房花序具多花，花瓣白色。果实近球形或梨形，深红色，有浅色斑点。花期5～6月份，果期9～10月份。

生长习性：喜光，耐寒，喜排水良好土壤及冷凉干燥气候。

观赏价值及园林用途：枝繁叶茂，初夏开花遍树洁白，秋来满树红果累累，颇富农家及田野情趣。适作庭院观赏树，常孤植或片植于园路、草坪及池畔、溪旁。

食用方法：果实除鲜食外，还可以制成山楂片、果丹皮、山楂糕、红果酱、果脯、山楂酒等。

42 山茱萸

Cornus officinalis Siebold &Zucc.

科属：山茱萸科山茱萸属

形态特征：落叶乔木或灌木。叶对生，纸质，卵状披针形或卵状椭圆形。伞形花序生于枝侧，花瓣黄色。核果长椭圆形，红色至紫红色。花期3～4月份，果期9～10月份。

生长习性：喜光，喜温暖而湿润的环境，也耐寒。

观赏价值及园林用途：先开花后萌叶，秋季红果累累，绯红欲滴，艳丽悦目，是造景植物的上佳之选，可盆栽，也可在庭园、花坛内单植或片植。

食用方法：和枸杞的做法相似，果实可泡水。

43 柿

Diospyros kaki Thunb.

科属： 柿科柿属

形态特征： 落叶乔木。单叶互生，椭圆状倒卵形。花雌雄异株，但间或有些雄株中有少数雌花，雌株中有少数雄花的，花序腋生，为聚伞花序。浆果大，成熟后为橙黄色或橘红色。花期5～6月份，果期9～10月份。

生长习性： 喜温暖气候，喜阳光充足和土层深厚、肥沃、湿润、排水良好的土壤。

观赏价值及园林用途： 树冠扩展如伞，叶大荫浓，秋日叶色转红，丹实似火，悬于绿荫丛中，至11月份落叶后，还高挂树上，极为美观，是观叶、观果的重要树种。可孤植、群植。

食用方法： 果实常经脱涩后作水果，亦可加工制成柿饼、柿子酱等。

44 酸豆（酸角）

Tamarindus indica L.

科属：苏木科酸豆属

形态特征：落叶乔木。小叶小，长圆形，基部圆而偏斜，无毛。花黄色或杂以紫红色条纹，小苞片开花前紧包着花蕾。荚果圆柱状长圆形，肿胀，棕褐色，直或弯拱，常不规则地缢缩。花期5～8月份；果期12月～翌年5月份。

生长习性：适宜在温度高、日照长、气候干燥、干湿季节分明的地区生长。

观赏价值及园林用途：树形优美，枝叶常绿，兼有黄色的花朵，可孤植或配植于庭园、公园、宅院或作行道树。

食用方法：果肉味酸甜，可生食或熟食，或作蜜饯或制成各种调味酱及泡菜；果汁加糖水是很好的清凉饮料；种仁榨取的油可食用。

45 桃

Prunus persica L.

科属： 蔷薇科李属

形态特征： 落叶乔木。叶片长圆披针形、椭圆披针形或倒卵状披针形。花单生，先于叶开放，花瓣粉红色，罕为白色。果实形状和大小均有变异，色泽变化由淡绿白色至橙黄色，常在向阳面具红晕，外面密被短柔毛，稀无毛，多汁有香味，甜或酸甜。花期3～4月份，果实成熟期因品种而异，通常为8～9月份。

生长习性： 喜光，耐旱，喜肥沃而排水良好的土壤。

观赏价值及园林用途： 树态优美，枝干扶疏，花朵丰腴，色彩艳丽，为早春重要观花树种之一。

食用方法： 成熟果实可生吃，或做成罐头、桃酱、果汁及果脯。

46 梧桐

Firmiana simplex (Linnaeus) W. Wight

科属： 锦葵科梧桐属

形态特征： 落叶乔木。叶大，掌状3～5裂，背面有星状毛。圆锥花序顶生，花淡黄绿色。蓇葖果膜质，有柄。花期6月份。

生长习性： 喜光，喜温湿气候，对各类土壤适应性强。

观赏价值及园林用途： 一种优良行道树和绿化观赏树种，季节变换时树叶会随之而变化，有着较高的观赏价值。

食用方法： 种子炒熟可食。

47　香椿

Toona sinensis (A. Juss.) Roem.

科属：楝科香椿属

形态特征：落叶乔木。叶具长柄，偶数羽状复叶。圆锥花序与叶等长或更长，花白色。蒴果狭椭圆形，有小而苍白色的皮孔。花期6～8月份，果期10～12月份。

生长习性：喜光，不耐寒，喜湿润肥沃的土壤。

观赏价值及园林用途：树干通直，冠幅开阔，春秋叶红艳丽，入秋后果实开裂呈木花状，经冬不落，适合作庭荫树及行道树。

食用方法：幼芽嫩叶入菜，香椿蒸饭、香椿拌豆腐、凉拌香椿、椿芽炒鸡丝、香椿酱油拌面、香椿辣椒、椿芽辣子汤都别有风味。

48　香桂（月桂、肉桂）

Cinnamomum subavenium Miq.

科属： 樟科桂属

形态特征： 常绿乔木。叶在幼枝上近对生，在老枝上互生，椭圆形、卵状椭圆形至披针形，上面深绿色，光亮，下面黄绿色，晦暗，革质。花淡黄色，密被黄色平伏绢状短柔毛。果椭圆形，熟时蓝黑色。花期6～7月份，果期8～10月份。

生长习性： 适应性很强，耐寒、耐旱、耐涝。喜温暖湿润气候。

观赏价值及园林用途： 四季常青，树姿优美，有浓郁香气，适于在庭院、建筑物前栽植。住宅前院用作绿墙分隔空间，隐蔽遮挡效果也好。

食用方法： 叶香气浓郁，可以很好地去除肉腥味，法式、地中海式和印度风味餐饮中少不了它的点缀。法式料理的基本香料之一，煮高汤时会加入叶片，如罗宋汤、洋葱汤里都用其来提香。叶片对咸、甜的料理都适合，叶片也用来制作牛奶布丁或者甜蛋黄奶油。

49　小粒咖啡（咖啡树）

Coffea arabica L.

科属： 茜草科咖啡属

形态特征： 常绿小乔木或大灌木。叶薄革质，卵状披针形或披针形。托叶阔三角形，生于幼枝上部的托叶顶端锥状长尖或芒尖，生于老枝上的托叶顶端常为突尖。聚伞花序数个簇生于叶腋内，花芳香，花冠白色。浆果成熟时阔椭圆形，红色，外果皮硬膜质，中果皮肉质，有甜味；种子背面凸起，腹面平坦，有纵槽。花期3～4月份。

生长习性： 生长于高海拔地区，抗寒力强，耐短期低温，不耐旱。

观赏价值及园林用途： 树形紧凑，叶片大而靓丽有光泽，花香果艳，颇富观赏价值，是优良的室内耐阴观赏植物。

食用方法： 果内的种子即是咖啡豆，炒熟之后磨碎成粉末，用热水冲泡即可饮用。

50 杏

観
賞
兼
食
用
植
物
图
鉴
230
种

Prunus armeniaca L.

科属：蔷薇科李属

形态特征：落叶乔木。叶片宽卵形或圆卵形，叶边有圆钝锯齿。花单生，先于叶开放，花瓣白色或带红色。果实球形，稀倒卵形，白色、黄色至黄红色，常具红晕，微被短柔毛；果肉多汁，成熟时不开裂。花期3～4月份，果期6～7月份。

生长习性：适应性强，深根性，喜光，耐旱，抗寒，抗风，为低山丘陵地带的主要栽培果树。

观赏价值及园林用途：
早春开花，先花后叶。可与
苍松、翠柏配植于池旁、湖
畔或植于山石崖边、庭院堂
前，极具观赏性。

食用方法：成熟杏果肉
可鲜食，还可以加工制成杏
脯、糖水罐头、杏酱、杏汁、
杏酒等；苦杏仁建议少食用，杏仁可以制成杏仁露、杏仁酪等休闲小吃外，还可作凉菜用、熬粥、炖汤等。杏仁油微黄透明，味道清香，是一种优良的食用油。

51　盐麸木（盐肤木）

Rhus chinensis Mill.

科属：漆树科盐麸木属

形态特征：落叶小乔木或灌木。奇数羽状复叶有小叶，叶轴具宽的叶状翅。圆锥花序宽大，多分枝，花白色。核果球形，成熟时红色。花期8～9月份，果期10月份。

生长习性：喜光，喜温暖湿润气候。适应性强，耐寒。

观赏价值及园林用途：秋叶和果实都为红色，甚是美丽，常将其作为观赏花叶果实的观赏植株。

食用方法：嫩茎叶焯水后炒食。

52　阳桃

Averrhoa carambola L.

科属：酢浆草科阳桃属

形态特征：常绿乔木。奇数羽状复叶，互生，卵形或椭圆形，基部圆，一侧歪斜，表面深绿色，背面淡绿色。花小，微香，数朵至多朵组成聚伞花序或圆锥花序，自叶腋出或着生于枝干上。花枝和花蕾深红色；花瓣背面淡紫红色，边缘色较淡，有时为粉红色或白色。浆果肉质，下垂，有5棱，很少6或3棱，横切面呈星芒状，淡绿色或蜡黄色，有时带暗红色。种子黑褐色。花期4～12月份，果期7～12月份。

生长习性：喜高温湿润气候，不耐寒。以土层深厚、疏松肥沃、富含腐殖质的壤土栽培为宜。

观赏价值及园林用途：果实奇特，色泽美观，园林中也常用于路边、墙垣边或建筑旁栽培观赏，也可作大型盆栽绿化阳台、天台。

食用方法：果实作为水果，芳香清甜，可以做成各种各样美味的食物。最直接的吃法是直接蘸红糖，也可以蛋奶炖杨桃。

53 杨梅

Morella rubra Lour.

科属：杨梅科杨梅属

形态特征：常绿乔木。叶革质，无毛，生存至2年脱落，常密集于小枝上端部分。花雌雄异株。雄花序单独或数条丛生于叶腋，雌花序常单生于叶腋。核果球状，外表面具乳头状凸起，外果皮肉质，多汁液及树脂，味酸甜，成熟时深红色或紫红色。4月份开花，6～7月份果实成熟。

生长习性：喜温暖气候，喜酸性土壤，适应性强。

观赏价值及园林用途：树冠圆球形，分枝紧凑，枝叶扶疏，夏季绿叶丛中红果累累，十分美观，是庭院中的优质绿化树种和特色果树。

食用方法：杨梅作为一种水果，清洗干净后可以直接吃，口感甘甜多汁。也可以做沙拉、榨汁以及各种甜品等。

54 洋蒲桃（莲雾）

Syzygium samarangense (Blume) Merr. et Perr

科属：桃金娘科蒲桃属

形态特征：常绿乔木。叶片薄革质，椭圆形至长圆形，先端钝或稍尖，基部变狭，圆形或微心形，聚伞花序顶生或腋生，有花数朵；花白色，果实梨形或圆锥形，肉质，洋红色，发亮，花期3～4月份，果实5～6月份成熟。

生长习性：性喜温暖，怕寒冷，稍耐阴，喜温暖湿润气候、湿润的肥沃土壤。

观赏价值及园林用途：花果均美丽，园林中可用于广场、绿地、校园、庭院作风景树和绿荫树，也适合作行道树。

食用方法：成熟的鲜果食用，也可以用来加工成果酱和果酒。

55 椰子

Cocos nucifera L.

科属： 棕榈科椰子属

形态特征： 植株高大，常绿乔木，茎粗壮，有环状叶痕，基部增粗，常有簇生小根。叶羽状全裂，裂片多数，外向折叠，革质，线状披针形。花序腋生，佛焰苞纺锤形，厚木质。果卵球状或近球形，顶端微具三棱，外果皮薄，中果皮厚纤维质，内果皮木质坚硬。果腔含有胚乳（即"果肉"或种仁）、胚和汁液（椰子水）。花果期主要在秋季。

生长习性： 热带喜光植物，在高温、多雨、阳光充足和海风吹拂的条件下生长发育良好。

观赏价值及园林用途： 树形优美，是热带地区绿化美化环境的优良树种。

食用方法： 未熟胚乳（"果肉"）可作为热带水果食用；椰子水是一种可口的清凉饮料；成熟的椰肉可榨油，还可加工成各种糖果、糕点。

56　野鸦椿

Euscaphis japonica (Thunb.) Dippel

科属：省沽油科野鸦椿属

形态特征：落叶小乔木或灌木，树皮灰褐色，具纵条纹，小枝及芽红紫色。叶对生，奇数羽状复叶，叶轴淡绿色，小叶厚纸质，长卵形或椭圆形，稀为圆形，先端渐尖，基部钝圆，边缘具疏短锯齿。圆锥花序顶生，花多，较密集，黄白色。蓇葖果，果皮软革质，紫红色，有纵脉纹，种子近圆形，假种皮肉质，黑色。花期5～6月份，果期8～9月份。

生长习性：幼苗耐阴，耐湿润，大树喜光，耐瘠薄干燥，耐寒性较强。

观赏价值及园林用途：观花、观叶、赏果，观赏价值高。春夏之际，花黄白色，集生于枝顶，满树银花，十分美观；秋天，果布满枝头，果成熟后果荚开裂，果皮反卷，露出鲜红色的内果皮，黑色的种子粘挂在内果皮上，犹如满树红花上点缀着颗颗黑珍珠，十分艳丽。可群植、丛植于草坪，也可用于庭园、公园等地布景。

食用方法：嫩茎叶洗净，沸水烫熟，清水漂洗，可凉拌、炒食、腌制咸菜。

57 银杏

Ginkgo biloba L.

科属：银杏科银杏属

形态特征：落叶大乔木。叶扇形，在短枝上簇生，在长枝上散生，淡绿色，秋天转金黄色。雌雄异株，果实核果状。花期3～4月份，种子9～10月份成熟。

生长习性：喜光，对气候、土壤的适应性较宽。

观赏价值及园林用途：银杏树形优美，春夏季叶色嫩绿，秋季变成黄色，颇为美观，可作庭园树及行道树。

食用方法：银杏果不能大量食用或生食，主要有炒食、烤食、煮食、配菜、糕点、蜜饯、罐头、饮料和酒类。

58 樱桃

Prunus pseudocerasus (Lindl.) G. Don

科属：蔷薇科李属

形态特征：落叶乔木。叶片卵形或长圆状卵形，托叶早落。花序伞房状或近伞形，先叶开放，花瓣白色。核果近球形，红色。花期3～4月份，果期5～6月份。

生长习性：喜温而不耐寒，多栽培于肥美疏松、土层深沉、排灌条件良好的沙质土中。

观赏价值及园林用途：花期早，花量大，玲珑可爱，结果多，果熟之时，果红叶绿，甚为美观，是庭院绿化、园林和农业旅游经济的良好经济树种。

食用方法：成熟樱桃果实一般是直接食用的或者做成果汁，也可以用来做菜，装饰性很好。

观赏兼食用植物图鉴230种

59　柚（柚子）

Citrus maxima (Burm.) Merr.

科属：芸香科柑橘属

形态特征：常绿乔木。叶质颇厚，色浓绿，阔卵形或椭圆形。总状花序，有时兼有腋生单花，花蕾淡紫红色，稀乳白色。果圆球形、扁圆形、梨形或阔圆锥状，淡黄或黄绿色，杂交种有朱红色的。花期4～5月份，果期9～12月份。

生长习性：喜温暖、湿润气候，不耐干旱。

观赏价值及园林用途：主杆通直、叶子又大、树冠齐整，一般用于作行道树、小区绿化、园林点缀及"四旁"绿化。

食用方法：作为水果，果肉可直接食用。果肉和果皮还可以用来榨汁、做果茶、果酱、甜品、凉拌菜等。柚子皮洗净焯水后，用盐搓洗后将皮切薄片，放入水中浸泡，最后加入调料翻炒即可。

60 榆树

Ulmus pumila L.

科属： 榆科榆属

形态特征： 落叶乔木，在干瘠之地长成灌木状。叶椭圆状卵形、长卵形、椭圆状披针形或卵状披针形。花先叶开放，在去年生枝的叶腋成簇生状。翅果近圆形，稀倒卵状圆形，果核部分位于翅果的中部。花果期3～6月份（东北地区较晚）。

生长习性： 阳性树种，喜光，耐旱，耐寒，耐瘠薄，不择土壤，适应性很强。

观赏价值及园林用途： 树干通直，树形高大，绿荫较浓，是城市绿化的常用树种，如行道树、庭荫树、防护林及"四旁"绿化用树。在干瘠、严寒之地常呈灌木状，有用作绿篱者。又因其老茎残根萌芽力强，可自野外掘取制作盆景。

食用方法： 翅果因圆薄似钱而被称为榆钱，可生吃、煮粥、笼蒸、做馅。

61　玉兰（白玉兰）

Yulania denudata (Desr.) D. L. Fu

科属：木兰科玉兰属

形态特征：落叶乔木。其树皮深灰色。小枝稍粗壮，灰褐色。叶纸质，基部徒长枝叶椭圆形，叶柄被柔毛，上面具狭纵沟。花蕾卵圆形，直立，芳香。花梗显著膨大，密被淡黄色长绢毛。菁葖厚木质。花期2～3月份，果期8～9月份。

生长习性：喜阳光，稍耐阴。有一定耐寒性。

观赏价值及园林用途：因其"色白微碧、香味似兰"而得名。庭院种植给人以"点破银花玉雪香"的美感，还有"堆银积玉"的富贵；树姿挺拔不失优雅，叶片浓翠茂盛，也适作行道树，盛花时节漫步玉兰花道，令人有"花中取道、香阵弥漫"的愉悦之感。

食用方法：花瓣和面粉、白糖等食材混合，然后放入油锅中煎炸，可以成为一种香甜可口的点心，也可以制作玉兰羹。

62 枣

Ziziphus jujuba Mill.

科属：鼠李科枣属

形态特征：落叶小乔木，稀灌木。叶纸质，卵形、卵状椭圆形或卵状矩圆形。花黄绿色，两性。核果矩圆形或长卵圆形，成熟时红色，后变红紫色，中果皮肉质，厚，味甜。花期5～7月份，果期8～9月份。

生长习性：喜光，适应性强，喜干冷气候，耐湿热。

观赏价值及园林用途：枝干劲拔，翠叶垂荫，果实累累，宜在庭院、路旁散植或成片栽植，亦是结合生产的好树种。其老根可制作树桩盆栽。

食用方法：枣可生吃，也可熟食，还可加工制成枣干、枣脯、枣酱、醉枣、枣泥、醉枣、焦枣、枣罐头、枣茶、枣酒、乌枣、蜜枣、枣醋、枣原汁饮料等，还能用于烹调，作为炖鸡、炖鸭、炖猪脚等的辅料，使其别具风味又甘美滋补。在日常生活中用枣制成的传统食品，更是各具风味，琳琅满目，有枣粽子、枣发糕、枣年糕、枣花糕、枣卷糕、枣锅糕、长寿糕，以及做成枣泥馅料，用于制作各种糕点。

63　白鹃梅

Exochorda racemosa (Lindl.) Rehd.

科属：蔷薇科白鹃梅属

形态特征：落叶灌木。小枝圆柱形，微有棱角，无毛；冬芽三角卵形，平滑无毛，暗紫红色。叶片椭圆形、长椭圆形至长圆倒卵形，先端圆钝或急尖稀有突尖，基部楔形或宽楔形；叶柄短或近于无柄；总状花序无毛，萼筒浅钟状，白色；蒴果，倒圆锥形。花期5月份，果期6～8月份。

生长习性：喜光，也耐半阴，适应性强，耐干旱瘠薄土壤，有一定耐寒性。

观赏价值及园林用途：姿态秀美，春日开花，满树雪白，如雪似梅，是美丽的观赏树，果形奇异，适应性广。宜在草地、林缘、路边及假山岩石间配植，在常绿树丛边缘群植，宛若层林点雪，饶有雅趣。

食用方法：嫩叶和花蕾可炒食，可做汤，亦可调味凉拌；作配料则烹制多种荤素菜肴，皆清香味美，别有风味。花蕾用来蒸花糕、做点心尤为受人欢迎。其干品则可经水发后，用来炖肉、蒸鱼、煮汤、做馅等，同样味美宜人。

64 茶（茶树）

Camellia sinensis (L.) O. Ktze.

科属：山茶科山茶属

形态特征：常绿灌木或小乔木，嫩枝无毛。叶革质，长圆形或椭圆形，上面发亮，下面无毛或初时有柔毛。花1～3朵腋生，白色。蒴果3球形或1～2球形，每球有种子1～2粒。花期10月份至翌年2月份。

生长习性：喜温暖湿润气候，适宜生长在排水良好的沙壤土中，通风良好，透水性好。

观赏价值及园林用途：植株高大，四季常绿，既可自然生长，独立成景，也可通过修、扎的方法改变原形，将其树冠进行修剪，非常适合作为行道树、造型树、绿篱。品种丰富，形态多样，在秋冬季开花且花期长，有花果"子孙同堂"景象，起到了很好的绿化美化效果。茶树历史悠久，增加了园林的文化底蕴，是园林设计中常用的元素。

食用方法：除了直接用茶叶泡水后饮用以外，可以在烹饪的时候适量加入一些茶叶，比如鸡肉、鸭肉等，这样能够使得鸡肉或者鸭肉更加入味，口感也更加好吃；或者将茶叶磨成茶粉作烘焙等类食物。

65 臭牡丹

Clerodendrum bungei Steud.

科属：马鞭草科大青属

形态特征：落叶灌木，植株有臭味。叶片纸质，宽卵形或卵形，基部脉腋有数个盘状腺体。伞房状聚伞花序顶生，密集，花冠淡红色、红色或紫红色。核果近球形，成熟时蓝黑色。花果期5～11月份。

生长习性：喜阳光充足和湿润环境，适应性强，耐寒耐旱，也较耐阴，宜在肥沃、疏松的腐叶土中生长。生长于山坡、林缘或水沟旁。

观赏价值及园林用途：叶片浓绿又茂盛，花期长，花朵优美，色彩迷人，整朵花犹如一个绣球，在春秋季开花不断。常作为地被植物及绿篱栽培，也常栽植在庭院作为观赏花木。臭牡丹的花朵硕大鲜艳，果实蓝紫色，累累垂垂，优雅神秘，犹如墨玉珍珠，晶莹靓丽，因而经常被用来插花，制作精美的插花作品。

食用方法：西南地区常用臭牡丹鲜叶熬汤炖鸡蛋，还有用臭牡丹根煲鸡汤，味道非常鲜美。

66　笃斯越橘（越橘）

Vaccinium uliginosum L.

科属：杜鹃花科越橘属

形态特征：落叶灌木，幼枝有微柔毛。叶多数，散生，叶片纸质，倒卵形、椭圆形至长圆形。花下垂，1～3朵着生于去年生枝顶叶腋。浆果近球形或椭圆形，成熟时蓝紫色，被白粉。花期6月份，果期7～8月份。

生长习性：适应性强，喜酸性土壤，喜湿润、抗旱性差。

观赏价值及园林用途：春观花、夏品果、秋赏叶，极具观赏性。树形优美，耐修剪，容易剪出理想的树形，是城市及庭院绿化、观光果园及采摘果园的理想树种。

食用方法：果实较大，酸甜，味佳，可以酿酒及制果酱，也可制成饮料。

67 佛手

Citrus medica L. 'Fingered'

科属：芸香科柑橘属

形态特征：不规则分枝的常绿灌木或小乔木，茎枝多刺。单叶互生，革质，有腺点，有特殊芳香气味，叶片椭圆形或卵状椭圆形。总状花序，花两性，有单性花趋向，雌蕊退化。果实手指状肉条形，果皮淡黄色，粗糙。花期4～5月份，果期10～11月份。

生长习性：喜温暖湿润、阳光充足的环境，不耐严寒、怕冰霜及干旱，耐阴，耐瘠，耐涝。

观赏价值及园林用途：佛手花朵洁白、香气扑鼻，并且一簇一簇开放，十分惹人喜爱。到了果实成熟期，它的形状犹如伸指形、握拳形、拳指形，状如人手，惟妙惟肖。佛手不仅可以用来盆栽欣赏，还可以用来切果，装饰在花束当中，别有一番美丽。

食用方法：果实成熟可以切片直接吃、煮粥、清炒或者和猪肝等其他食材搭配炖汤。

68 枸杞

Lycium chinense Miller

科属： 茄科枸杞属

形态特征： 多分枝落叶灌木。叶纸质或栽培种叶质稍厚，单叶互生或 2～4枚簇生，卵形、卵状菱形、长椭圆形、卵状披针形。花在长枝上单生或双生于叶腋，在短枝上则同叶簇生。浆果红色，卵状，栽培种可呈长矩圆状或长椭圆状。花果期6～11月份。

生长习性： 喜阴冷，适应性强，耐寒能力强。

观赏价值及园林用途： 树形婀娜，叶翠绿，花淡紫，果实鲜红，是很好的盆景观赏植物。

食用方法： 晒干或新鲜果实可用于泡水，也可煮粥、炒菜或炖汤，比如枸杞玉米羹、枸杞炖羊肉、枸杞炒蘑菇。

69　胡颓子

Elaeagnus pungens Thunb.

科属：胡颓子科胡颓子属

形态特征：常绿直立灌木。叶革质，椭圆形或阔椭圆形，稀矩圆形。花白色或淡白色，下垂，密被鳞片，1～3花生于叶腋锈色短小枝上。果实椭圆形，幼时被褐色鳞片，成熟时红色，果核内面具白色丝状棉毛。花期9～12月份，果期次年4～6月份。

生长习性：喜高温、湿润气候。

观赏价值及园林用途：四季常绿，枝条密集交错，叶背银色，花芳香，红果下垂，是园林造景的优良材料。宜配花丛或林缘，还可作为绿篱种植。主干自然变化多，形态美观，是优良树桩盆景材料。

食用方法：果实味甜，可生食，也可酿酒和熬糖。

灌木

70　胡枝子

Lespedeza bicolor Turcz.

科属：豆科胡枝子属

形态特征：直立落叶灌木。羽状复叶具3小叶，小叶质薄，卵形、倒卵形或卵状长圆形。总状花序腋生，比叶长，常构成大型、较疏松的圆锥花序，花冠红紫色，极稀白色。荚果斜倒卵形，稍扁。花期7～9月份，果期9～10月份。

生长习性：喜光，耐阴，耐寒，耐干旱，瘠薄。

观赏价值及园林用途：枝条披垂，花期较晚，淡雅秀丽，园林中常栽培观赏。

食用方法：嫩茎叶可制茶叶饮用，也可焯水后清炒、熬粥等，还可用种子来代替大豆制成类似豆腐食品。

71　火棘

Pyracantha fortuneana (Maxim.) Li

科属：蔷薇科火棘属

形态特征：常绿灌木。叶片倒卵形或倒卵状长圆形。花集成复伞房花序，花白色。果实近球形，橘红色或深红色。花期3～5月份，果期8～11月份。

生长习性：喜强光，耐贫瘠，抗干旱，耐寒。

观赏价值及园林用途：树形优美，夏有繁花，秋有红果，果实存留枝头甚久，是一种良好的观叶、观花、观果的植物。在庭院、路边作绿篱以及园林造景材料。

食用方法：果实作为水果可直接生吃或榨汁，还可以煮粥或和别的食物掺一起蒸食。

72　接骨木

Sambucus williamsii Hance

科属：五福花科接骨木属

形态特征：落叶灌木或小乔木。羽状复叶有小叶2～3对，侧生小叶片卵圆形、狭椭圆形至倒矩圆状披针形，顶生小叶卵形或倒卵形。花与叶同出，圆锥形聚伞花序顶生，花冠蕾时带粉红色，开后白色或淡黄色。果实红色，极少蓝紫黑色。花期一般4～5月份，果熟期9～10月份。

生长习性：适应性强，喜光，耐寒，耐旱，喜肥沃疏松的土壤。

观赏价值及园林用途：枝叶繁茂，春季白花满树，夏秋红果累累，经久不落。宜植于草坪、林缘或水边，用于点缀秋景，也是工厂绿化的好材料。

食用方法：果实可用来制作蜜饯、提神饮料、葡萄酒和沙司；花可以和醋栗一起搭配食用，还可以将花蘸上稀面糊后煎炸，撒上糖食用。

73　金柑（金橘）

Citrus japonica Thunb.

科属：芸香科柑橘属

形态特征：常绿灌木，树高3米以内；枝有刺。叶质厚，浓绿，卵状披针形或长椭圆形。单花或2～3花簇生。果椭圆形或卵状椭圆形，橙黄至橙红色，果皮味甜，果肉味酸。花期3～5月份，果期10～12月份。

生长习性：苗期和幼林期中性偏阴，成林后中性偏阳，喜温暖潮湿气候，喜肥，怕涝，忌旱，光照过强、曝晒易发生日烧病。

观赏价值及园林用途：树形美观，枝叶繁茂、四季常青，果实金黄，是观果花木中独具风格的上品，为我国广东、港澳地区春节期间家庭必备盆花。

食用方法：成熟果洗干净直接吃，也可以用干金橘泡茶、糖腌制金橘、切碎做成果酱。

74　金樱子

Rosa laevigata Michx.

科属：蔷薇科蔷薇属

形态特征：常绿攀援灌木，小枝粗壮，散生扁弯皮刺。小叶革质，椭圆状卵形、倒卵形或披针状卵形。花单生于叶腋，花白色。果梨形、倒卵形，紫褐色。花期4～6月份，果期7～11月份。

生长习性：喜温暖湿润、阳光充足的环境。生长于向阳多石山坡灌木丛中。

观赏价值及园林用途：四季常青，花姿优美且香，适合栽种在园林或者庭院中观赏，也可作盆栽。

食用方法：果实可作为水果直接食用，晒干或新鲜的果实均可用来泡水喝，和杜仲、猪尾巴一起煲汤，亦可熬糖及酿酒。

75 锦鸡儿

Caragana sinica (Buc′hoz) Rehd.

科属： 豆科锦鸡儿属

形态特征： 落叶灌木。托叶三角形，硬化成针刺，小叶羽状，有时假掌状，厚革质或硬纸质。花单生，花冠黄色，常带红色。荚果圆筒状。花期4～5月份，果期7月份。

生长习性： 喜光耐寒，喜温暖的环境。

观赏价值及园林用途： 花朵鲜艳，状如蝴蝶的花蕾，盛开时呈黄红色，展开的花瓣状如金雀，极为美丽。从广大的北亚热带到热带，最适宜于园林庭院作绿化美化栽培。一些小叶矮化品种，还是制作树桩盆景的好材料。

食用方法： 花常用来与鸡蛋一起炒食。

76　蜡梅

Chimonanthus praecox (L.) Link

科属：蜡梅科蜡梅属

形态特征：落叶灌木。叶纸质至近革质，卵圆形、椭圆形、宽椭圆形至卵状椭圆形，有时长圆状披针形。花着生于第二年生枝条叶腋内，先花后叶，芳香。果托近木质化，坛状或倒卵状椭圆形，口部收缩，并具有钻状披针形的被毛附生物。花期11月份至翌年3月份，果期4～11月份。

生长习性：喜阳光，能耐阴，忌渍水。

观赏价值及园林用途：植株姿态优美，花开清素，香气清幽淡雅，有极高的观赏价值。在园林里很多风景处，它都可以作为配植，比如与各种绿植混合栽种，或与假山相配植，或制作古桩盆景以及插花材料等。

食用方法：花蕾可以直接用沸水冲泡代茶饮，也用于炖鱼、炖肉、炖豆腐或煮粥。

77　玫瑰

Rosa rugosa Thunb.

科属： 蔷薇科蔷薇属

形态特征： 直立落叶灌木，有皮刺。小叶片椭圆形或椭圆状倒卵形，边缘有尖锐锯齿。花单生于叶腋，或数朵簇生，花瓣重瓣至半重瓣，芳香，紫红色至白色。果扁球形，砖红色，肉质。花期5～6月份，果期8～9月份。

生长习性： 喜阳光充足，耐寒，耐旱。

观赏价值及园林用途： 花形秀美，色彩鲜艳，香气宜人，适合栽植于花台和庭院。可以作花篱、花境，布置大型花坛和专类玫瑰园，又是很好的盆栽花卉，还可作切花、插花，制作花篮、花环。

食用方法： 花瓣可以制饼馅、玫瑰酒、玫瑰糖浆，干制后可以泡茶。

78 迷迭香

Rosmarinus officinalis L.

科属： 唇形科迷迭香属

形态特征： 常绿灌木。叶常常在枝上丛生，具极短的柄或无柄，叶片线形。花对生，少数聚集在短枝的顶端组成总状花序，花冠蓝紫色。花期11月份。

生长习性： 喜温暖气候，喜日照充足的环境。

观赏价值及园林用途： 株形美观大方，枝叶密集，线形的革质叶片翠绿可爱、稍具光泽，全株散发着怡人的清香，花姿清秀雅丽，花叶俱美，花期长，是近年来很受大家欢迎的芳香植物，也是优良的盆栽花卉。

食用方法： 平时多用于泡茶饮用，取适量的迷迭香叶放入沸水中，静置3～5分钟，等水温下降后，可以加入少量蜂蜜并搅拌均匀后饮用。也可以作为香料，在牛排、土豆等料理以及烤制品中会经常使用，能增添食物的香味和风味。

79 密蒙花

Buddleja officinalis Maxim.

科属： 玄参科醉鱼草属

形态特征： 落叶灌木。叶对生，叶片纸质，狭椭圆形、长卵形、卵状披针形或长圆状披针形。花多而密集，组成顶生聚伞圆锥花序，花冠紫堇色，后变白色或淡黄白色，喉部橘黄色。蒴果椭圆状，外果皮被星状毛。花期3～4月份，果期5～8月份。

生长习性： 喜温暖、湿润的环境。

观赏价值及园林用途： 花序大型醒目，花芳香美丽，早春开花，四季常绿，适应性强，是优良的庭园观赏花木。

食用方法： 密蒙花在生活中更多的是风干后备用，需要的时候取出来。一般用来泡茶，不建议和其他的花茶一起饮用，或是制作成黄糯米饭。

80 茉莉花

Jasminum sambac (L.) Aiton

科属：木樨科素馨属

形态特征：直立或攀援常绿灌木。叶对生，单叶，叶片纸质，圆形、椭圆形、卵状椭圆形或倒卵形。聚伞花序顶生，花冠白色。果球形呈紫黑色。花期5～8月份，果期7～9月份。

生长习性：喜温暖湿润、通风良好、半阴环境。

观赏价值及园林用途：叶色翠绿，花色洁白，香味浓厚，为常见庭园及盆栽观赏芳香花卉。多用盆栽，点缀室容，清雅宜人，还可加工成花环等装饰品。

食用方法：花瓣可以用来制作花茶，也可以用来下菜，比如清炖豆腐、炒鸡蛋、炖汤煮粥之类。

81 牡丹

Paeonia × suffruticosa Andr.

科属：芍药科芍药属

形态特征：落叶灌木。二回三出复叶，顶生小叶宽卵形。花单生于枝顶，花瓣红紫或粉红色至白色。蓇葖果长圆形，密生黄褐色硬毛。花期4～5月份，果期8～9月份。

生长习性：喜温暖、凉爽、干燥、阳光充足的环境。

观赏价值及园林用途：花大色艳，花姿绰约，富丽堂皇，国色天香，被称为"花王"，多植于公园、庭院、花坛、草地中心、建筑物旁。常作专类花园。也是盆栽、切花、薰花的优良材料。

食用方法：新鲜的花瓣洗净、晾晒之后，可以用来泡茶、煮粥、裹面油炸、炖肉。

82 牡荆

Vitex negundo var. *cannabifolia* (Sieb.et Zucc.) Han

科属： 唇形科牡荆属

形态特征： 落叶灌木或小乔木；小枝四棱形。叶对生，掌状复叶，小叶片披针形或椭圆状披针形，顶端渐尖，基部楔形，边缘有粗锯齿，表面绿色，背面淡绿色，通常被柔毛。圆锥花序顶生，花冠淡紫色。果实近球形，黑色。6～7月份开花，8～11月份结果。

生长习性： 喜光，耐寒、耐旱、耐瘠薄土壤，适应性强。

观赏价值及园林用途： 树姿优美，花色雅致，适合庭院及公园、游园等种植。

食用方法： 嫩芽叶洗净，沸水烫熟，冷水清洗去异味，可煮食、炒食、炖汤、做馅。

83　木芙蓉

Hibiscus mutabilis L.

科属：锦葵科木槿属

形态特征：落叶灌木或小乔木。叶宽卵形至圆卵形或心形，裂片三角形。花单生于枝端叶腋间，花初开时白色或淡红色，后变深红色。蒴果扁球形，被淡黄色刚毛和绵毛。花期8～10月份。

生长习性：喜温暖湿润和阳光充足的环境，稍耐半阴。

观赏价值及园林用途：晚秋开花，花期长，开花旺盛，品种多，其花色、花形随品种不同有丰富变化，是一种很好的观花树种。一年四季，各有风姿和妙趣，栽植于庭院、坡地、路边、林缘及建筑前，或栽作花篱，都很合适。在寒冷的北方也可盆栽观赏。

食用方法：芙蓉花可以用来煎蛋、煮粥、炖汤、泡茶。

84 木瓜

Pseudocydonia sinensis (Thouin) C. K. Schneid.

科属：蔷薇科木瓜属

形态特征：落叶灌木或小乔木。叶椭圆形或椭圆状长圆形，稀倒卵形。花后叶开放，花单生于叶腋，花瓣淡粉红色。果长椭圆形，暗黄色，木质。花期4月份，果期9～10月份。

生长习性：喜高温多湿热带气候，不耐寒。对土质要求不严，但在土层深厚、疏松肥沃、排水良好的沙质土壤中生长较好。

观赏价值及园林用途：作行道树，在公园、庭院、校园、广场等道路两侧栽植；作为独特孤植观赏树，或三五成丛，点缀于园林小品或园林绿地中，也可培育成独干或多干的乔灌木作片林或庭院点缀，春季观花夏秋赏果，淡雅俏秀、多姿多彩；制作盆景，被称为盆景中的十八学士之一。木瓜盆景可置于厅堂、花台、门廊角隅、休闲场地。木瓜盆景与建筑合理搭配，使庭园胜景倍添风采。

食用方法：果实味涩，水煮或浸渍糖液中供食用。

85 木槿

Hibiscus syriacus L.

科属：锦葵科木槿属

形态特征：落叶灌木。叶菱形至三角状卵形，具深浅不同的3裂或不裂。花单生于枝端叶腋间，花钟形，淡紫色。蒴果卵圆形，密被黄色星状绒毛。花期7～10月份。

生长习性：喜光而稍耐阴，喜温暖、湿润气候。

观赏价值及园林用途：花多色艳，是夏、秋季的重要观花灌木，南方多作花篱、绿篱；北方作庭院点缀及室内盆栽。

食用方法：花可用来泡茶、煮粥、炖肉、做饼，也可以玉米面蒸木槿花。

灌木

86 南烛（乌饭树）

Vaccinium bracteatum Thunb.

科属： 杜鹃花科越橘属

形态特征： 常绿灌木或小乔木，高可达9米；分枝多，老枝紫褐色，无毛。叶薄革质，总状花序顶生和腋生，有花多数，花冠白色。浆果熟时紫黑色，花果期6～10月份。

生长习性： 喜温暖气候及酸性土地，耐旱、耐寒、耐瘠薄。

观赏价值及园林用途： 树姿优美，萌发力强，是非常优秀的园林观赏树种，既可群栽，亦可孤植，可为四季增添景色，还是制作盆景的好材料。

食用方法： 采集新鲜的乌饭树叶，经过捣碎、过滤等，将它的汁液和大米一起做饭，做出来的饭味道香，颜色黑，很好吃。

87 欧李

Prunus humilis (Bge.) Sok.

科属：蔷薇科李属

形态特征：落叶灌木。叶倒卵状长圆形或倒卵状披针形，有单锯齿或重锯齿。花单生或2～3朵簇生，花叶同放，花瓣白或粉红色。核果近球形，熟时红或紫红色。花期4～5月份，果期6～10月份。

生长习性：喜光，耐寒，喜湿润肥沃壤土。

观赏价值及园林用途：株丛矮，花团锦簇，花色多样，春天观花、夏天赏叶、秋天品果，园林可作为灌木花带、灌木球配植，或作盆景。

食用方法：欧李是一种味道香甜的水果，将其洗净之后即可食用，还可以加工成果脯、果酱、果醋、果奶、果糕、果冻、果粉等休闲食品。

88 缫丝花

Rosa roxburghii Tratt.

科属：蔷薇科蔷薇属

形态特征：开展的落叶或半常绿灌木，小枝有基部稍扁而成对皮刺。小叶片椭圆形或长圆形，叶轴和叶柄有散生小皮刺。花单生，生于短枝顶端，花瓣重瓣至半重瓣，淡红色或粉红色。果扁球形，外面密生针刺。花期5～7月份，果期8～10月份。

生长习性：喜温暖湿润的环境，生长于海拔500～2500米的向阳山坡、沟谷、路旁以及灌木丛中。

观赏价值及园林用途：适应性较强，花朵秀美，粉红的花瓣中密生一圈金黄色花药，十分别致。黄色刺颇具野趣，粉色的花瓣镶嵌在绿色的草丛中，可用作花坛、花境景观，坡地和路边丛植绿化，也用作药篱材料，偶尔也为家庭盆栽修饰园艺。

食用方法：果实作为水果的一种，可鲜食、腌渍或酿酒。

89 蛇蘸筋（黑莓）

Rubus cochinchinensis Tratt.

科属：蔷薇科悬钩子属

形态特征：落叶灌木。枝拱形或攀援，枝常在触地处生根；小叶宽椭圆形，先端圆钝，基部宽楔形或近圆形，叶缘有粗锯齿；小叶有短柄；总状花序顶生；花瓣白色、粉红色或红色，花药紫色；聚合果近球形，黑色或暗紫红色。花期5～6月份，果期7～8月份。

生长习性：喜光，耐热、耐寒，对土壤要求不严。

观赏价值及园林用途：叶形奇特，果实优美。庭院、阳台可作观赏植物。

食用方法：果实可生食或制果酱、酿酒等。

90 神秘果

Synsepalum dulcificum (Schumach. &Thonn.) Daniell

科属：山榄科神秘果属

形态特征：多年生常绿灌木。叶互生，琵琶形或倒卵形，革质。白色小花，单生或簇生于枝条叶腋间。单果着生，成熟时鲜红色。2～3月份、5～6月份、7～8月份开花，4～5月份、7～8月份、9～11月份果实成熟。

生长习性：喜高温、高湿气候，有一定的耐寒耐旱能力，适宜热带、亚热带低海拔潮湿地区生长。

观赏价值及园林用途：株形较矮小，生长慢，枝叶紧凑，枝条弹性好，耐修剪，树形优美，果实成熟时鲜艳美观，花、叶、果都具有较高的观赏价值。因其独特的变味功能而颇具神秘性，是一种集趣味性、观赏性和食用性于一体的植物。

食用方法：熟果可生食、制果汁、制成浓缩剂、制成冰棒等，种子可生食或制成浓缩剂。

91 石榴

Punica granatum L.

科属：千屈菜科石榴属

形态特征：落叶灌木或小乔木。叶对生或簇生，长倒卵形至长圆形，或椭圆状披针形。花1至数朵，生于枝顶或腋生，花瓣通常大，红色、黄色或白色。浆果近球形，通常为淡黄褐色或淡黄绿色，有时白色，稀暗紫色。花期6～7月份，果期9～10月份。

生长习性：喜光，喜温暖气候，较耐寒。对土壤适应性强。

观赏价值及园林用途：观花又可观果，花期、果期都很长。园林绿化时，或丛植于庭院中，或孤植于游园之角，或对植于门庭之侧，或列植于园路、溪旁、坡地，也宜做成各种桩景及供瓶插花观赏。

食用方法：成熟果实可以鲜食、榨汁饮用，也可以制作甜品佳肴，如蔓越莓石榴方塔、红石榴蛋糕、石榴西米露、石榴银耳汤等。

92 使君子

Combretum indicum (L.) Jongkind

科属：使君子科风车子属

形态特征：攀援状落叶灌木。叶对生或近对生，卵形或椭圆形。顶生穗状花序组成伞房状，花瓣初白色，后淡红色。果卵圆形，具短尖，熟时外果皮脆薄，青黑或栗色。种子圆柱状纺锤形，白色。花期初夏，果期秋末。

生长习性：喜光，耐半阴，但日照充足开花更繁茂；喜高温多湿气候，不耐寒，不耐干旱，在肥沃富含有机质的沙质壤土上生长最佳。

观赏价值及园林用途：花形美丽、颜色艳丽，花开时期为白色，后期逐渐变为粉色，具有很高的观赏价值，常制作成篱笆以及绿棚，较小的植株还可制作成盆景，是园林景观中必不可少的植物。

食用方法：可以制作成使君子肉饼，将使君子肉捣碎，再将猪肉洗净剁碎，同与面粉混合均匀，做成饼蒸熟。或者做成使君子瘦肉汤，即使君子仁洗净，沥干水，使君子仁同猪瘦肉共剁成肉酱，放入盆内，加入鲜汤，放少量盐、料酒、白糖调拌均匀，上笼蒸熟，食肉喝汤。

93 酸枣

Ziziphus jujuba Mill. var. *spinosa* (Bunge) Hu ex H.F.Chow.

科属：鼠李科枣属

形态特征：落叶灌木。小枝呈"之"字形弯曲，褐色，托叶刺有2种，一种直伸，另一种常弯曲；叶片为椭圆形至卵状披针形，边缘有细锯齿；花为黄绿色；果实小，接近球形或短矩圆形，熟时红褐色，味酸。花期6～7月份，果期8～9月份。

生长习性：喜温暖干燥气候，耐寒、耐旱、耐碱、耐瘠薄。

观赏价值及园林用途：秋季果实累累，颇具观赏性，"四旁"绿化种植。

食用方法：果熟可以生食，也可做酱、做醋等。

94 文冠果

Xanthoceras sorbifolium Bunge

科属：无患子科文冠果属

形态特征：落叶灌木或小乔木。小叶膜质或纸质，披针形或近卵形，两侧稍不对称。花序先叶抽出或与叶同时抽出，两性花的花序顶生，雄花序腋生，花瓣白色，基部紫红色或黄色，有清晰的脉纹，花盘的角状附属体橙黄色。蒴果，种子黑色而有光泽。花期春季，果期秋初。

生长习性：喜阳，耐半阴，对土壤适应性很强，耐瘠薄、耐盐碱，抗寒能力强。

观赏价值及园林用途：株形优美，花朵芳香，花色艳丽，花期长，作为庭院观赏植物、大中型盆景植物，具有瘦、拙、艳、香的特点，且可人工控制树形，创造各种奇景，具有很高的观赏价值。

食用方法：成熟果实可直接食用，还可以作为罐头原料。

 灌
木

95 无花果

Ficus carica L.

科属：桑科榕属

形态特征：落叶灌木。叶互生，厚纸质，广卵圆形，长宽近相等。雌雄异株，雄花和瘿花同生于一榕果内壁。榕果单生于叶腋，大，梨形，成熟时紫红色或黄色。花果期5～7月份。

生长习性：喜温暖湿润气候，抗旱，不耐寒，不耐涝。

观赏价值及园林用途：枝干粗壮，叶形奇特，果实色彩丰富，常年果实累累，是观赏风景树，常植于园路、草坪、池畔及庭园以内，以孤植为主。

食用方法：成熟果实可鲜食，还可加工成果干、果脯、果汁，用果汁酿酒等。

 95

96 香橼

Citrus medica L.

科属：芸香科柑橘属

形态特征：不规则分枝的常绿灌木或小乔木。单叶，叶片椭圆形或卵状椭圆形。总状花序，有时兼有腋生单花。果椭圆形、近圆形或两端狭的纺锤形，果皮淡黄色，果肉近透明或淡乳黄色，味酸或稍甜，有香气。花期4～5月份，果期10～11月份。

生长习性：喜高温多湿环境，怕霜冻，不耐寒。

观赏价值及园林用途：树冠圆整，树姿挺立，终年翠绿，是绿化、观果、闻香、装饰、药用等集一身的名贵观赏树种。

食用方法：果肉和果皮都可以加工制成食品。一般习惯加入蜂蜜或冰糖制成蜜饯、果酱等，还可将香橼切片后晒干入药煲汤。

97　野蔷薇

Rosa multiflora Thunb.

科属：蔷薇科蔷薇属

形态特征：攀援性落叶灌木；小枝圆柱形，通常无毛，有短、粗稍弯曲皮束。小叶片倒卵形、长圆形或卵形。花多朵，排成圆锥状花序，花瓣白色，宽倒卵形，先端微凹，基部楔形。果近球形，红褐色或紫褐色。

生长习性：喜光，耐半阴、耐寒，对土壤要求不严，在黏重土中也可正常生长。耐瘠薄，忌低洼积水。

观赏价值及园林用途：初夏开花，花繁叶茂，芳香清幽。花形千姿百态，花色五彩缤纷，是较好的园林绿化材料。可植于溪畔、路旁及园边、地角等处，或用于花柱、花架、花门、篱垣与栅栏绿化、墙面绿化、山石绿化、阳台、窗台绿化、立交桥的绿化等，往往密集丛生，满枝灿烂，景色颇佳。

食用方法：干花或鲜花都可泡茶、食用或者酿酒。早春采摘嫩茎叶，焯水后，加入调料制成凉拌菜，还可以和鱼、大米等食材混合蒸煮，不但味道鲜美，还可清暑化湿、顺气和胃、强健身体。

98 郁李

Prunus japonica (Thunb.) Lois.

科属：蔷薇科李属

形态特征：落叶灌木。叶卵形或卵状披针形，有缺刻状尖锐重锯齿。花簇生，花叶同放或先叶开放，花瓣白或粉红色。核果近球形，熟时深红色。花期5月份，果期7～8月份。

生长习性：喜阳光充足和温暖湿润的环境。

观赏价值及园林用途：花果俱美的观赏花木，适于群植，宜配植在阶前、屋旁、山岩坡上，或点缀于林缘、草坪周围，也可作花径、花篱栽培之用。

食用方法：果实吃法很多，可以将其直接煎水后饮用，也可以用它来泡酒喝、煮粥吃，或是做成糕点食用。煮粥时可以先把郁李仁捣碎加水煎制，再用煎得的药液与粳米一起煮粥，煮好加白糖调味，然后就可以食用了。

99 月季花

Rosa chinensis Jacq.

科属：蔷薇科蔷薇属

形态特征：直立的落叶或常绿灌木。小叶片宽卵形至卵状长圆形，边缘有锐锯齿。花几朵集生，稀单生，花瓣重瓣至半重瓣，红色、粉红色至白色。果卵球形或梨形，红色。花期4～9月份，果期6～11月份。

生长习性：适应性强，耐寒、耐旱，喜日照充足、空气流通、排水良好而避风的环境。

观赏价值及园林用途：花期长，且品种多，花色艳丽多彩，争奇斗艳，馨香宜人，具有极高的观赏价值。可种于花坛、花境、草坪角隅等处，也可布置成月季园。藤本月季用于花架、花墙、花篱、花门等。月季可盆栽观赏，又是重要的切花材料。

食用方法：花蕾可用于泡茶、煮粥或者煲汤。

100 柘

Maclura tricuspidata Carriere

科属：桑科橙桑属

形态特征：落叶灌木或小乔木。叶卵形或菱状卵形，偶为三裂。雌雄异株，雌雄花序均为球形头状花序，单生或成对腋生。聚花果近球形，肉质，成熟时橘红色。花期5～6月份，果期6～7月份。

生长习性：喜光，适应性强，喜钙性土壤。

观赏价值及园林用途：树冠整齐，枝叶茂盛，夏季红果艳丽，颇为美观。宜作庭荫树及绿篱树，也适作工厂区园林绿化。

食用方法：成熟果实可生食或酿酒。

101 栀子

Gardenia jasminoides Ellis

科属：茜草科栀子属

形态特征：常绿灌木。叶对生，革质，稀为纸质，少为3枚轮生，叶形多样，通常为长圆状披针形、倒卵状长圆形、倒卵形或椭圆形。花芳香，通常单朵生于枝顶，花冠白色或乳黄色。果卵形、近球形、椭圆形或长圆形，黄色或橙红色，有翅状纵棱。花期3～7月份，果期5月份至翌年2月份。

生长习性：喜温暖湿润气候，不耐寒，好阳光但又不能经受强烈阳光照射。

观赏价值及园林用途：枝叶茂盛，叶簇翠绿光亮，花色洁白，芳香浓郁，果实奇特，成熟时金黄色，观果期长，极具观赏价值，是城镇良好的绿化、美化、香化的景观树种，可成片丛植或单植于林缘、庭院前、院隅、路旁，植作花篱也极适宜，也可作阳台绿化。

食用方法：栀子仁煮粥，栀子花可泡茶或凉拌，也可以与小竹笋或鸡肉之类一起炒食。

102　中国沙棘（沙棘）

Hippophae rhamnoides subsp. *sinensis* Rousi

科属：胡颓子科沙棘属

形态特征：落叶灌木或乔木，棘刺较多。单叶通常近对生，纸质，狭披针形或矩圆状披针形。果实圆球形，橙黄色或橘红色。花期4～5月份，果期9～10月份。

生长习性：喜光，耐寒，耐酷热，耐风沙及干旱气候。对土壤适应性强。

观赏价值及园林用途：大规模的沙棘种植，是一道靓丽的风景，有诱人的观赏价值。到了秋天，翠绿的嫩叶，衬托着红得鲜艳耀眼的果实，实在是美得令人不由自主地驻足观赏。

食用方法：果熟可供鲜食，也可做成果酱、果汁、果酒等。

103　紫丁香

Syringa oblata Lindl.

科属：木樨科丁香属

形态特征：落叶灌木或小乔木。叶片革质或厚纸质，卵圆形至肾形。圆锥花序直立，由侧芽抽生，近球形或长圆形，花冠紫色。果倒卵状椭圆形、卵形至长椭圆形。花期4～5月份，果期6～10月份。

生长习性：喜阳，喜土壤湿润而排水良好。

观赏价值及园林用途：春季盛开时硕大而艳丽的花序布满全株，芳香四溢，观赏效果甚佳，是庭园栽种的著名花木。

食用方法：因其浓郁的香味和辛辣的味道，经常被用来给食物（尤其是肉和面包）调味。在欧洲和美国，它是圣诞食品的特殊调味剂。在我国，它经常被用作烹饪风味菜肴、腌料和泡菜的辅助材料。

104　紫叶李

Prunus cerasifera 'Atropurpurea'

科属：蔷薇科李属

形态特征：落叶灌木或小乔木；干皮紫灰色，多分枝，小枝暗红色；叶片椭圆形、卵形或倒卵形，紫红色；花瓣长圆形，粉中透白，花叶同放；核果近球形或椭圆形，红色，微被蜡粉，常早落；花期4月份，果期8月份。

生长习性：喜阳光、温暖湿润气候，对土壤适应性强，不耐干旱，较耐水湿。

观赏价值及园林用途：红色叶树种，孤植、群植皆宜，能衬托背景。枝繁叶茂，常植于建筑屋旁、院落内、河边和公园中小径两旁及道路侧分带等。

食用方法：果实成熟后可以食用。

105　紫玉兰

Yulania liliiflora (Desr.) D. L. Fu

科属：木兰科玉兰属

形态特征：落叶灌木。叶椭圆状倒卵形或倒卵形，先端急尖或渐尖。花蕾卵圆形，被淡黄色绢毛，花叶同时开放。聚合果深紫褐色，变褐色，成熟蓇葖近圆球形。花期3～4月份，果期8～9月份。

生长习性：喜温暖湿润和阳光充足环境，较耐寒。

观赏价值及园林用途：著名的早春观赏花木，早春开花，花大，味香，色美，适用于古典园林中厅前院后配植，也可孤植或散植于小庭院内。

食用方法：紫玉兰（又名辛夷花）的花蕾，平时可以用来煲汤喝，是瘦肉汤和鲤鱼汤的理想配料，也可以晒干后直接泡水喝。

106 百里香

Thymus mongolicus Ronn.

科属：唇形科百里香属

形态特征：常绿半灌木。茎多数，匍匐或上升；不育枝从茎的末端或基部生出，匍匐或上升，被短柔毛。叶为卵圆形，腺点多少有些明显。花序头状，花冠紫红、紫或淡紫、粉红色，被疏短柔毛。小坚果近圆形或卵圆形，压扁状，光滑。花期7～8月份。

生长习性：适宜在光照充足和干燥温暖的环境里生长。对土壤条件的要求不高。

观赏价值及园林用途：植株小巧，夏秋季开花，花小繁多，花朵紫红色或粉红色，气味芳香，是一种独特的芳香观赏花卉。

食用方法：茎叶是日常生活当中的调味品，常用它的茎叶进行烹调，可以直接放入要烹饪的菜品中，一般用来腌制肉类，能起到去除腥味、增香、提升口感的作用，还可以在腌菜、做汤时加入，能提升菜的清香和汤味的鲜美。在欧洲地区，常直接将百里香与其他调料混合，放入肉馅或塞到鸡肉中，进行烤制。

藤本

藤本

107　薜荔

Ficus pumila L.

科属：桑科榕属

形态特征：常绿攀援或匍匐灌木，叶两型，不结果枝节上生不定根，叶卵状心形，薄革质，有叶柄。榕果单生于叶腋，瘿花果梨形，成熟黄绿色或微红，有黏液。花果期5～8月份。

生长习性：喜阴，喜温暖湿润气候。

观赏价值及园林用途：叶片大而厚，色泽亮丽有质感，且四季常青，是一种优良的观叶植物；其次，果实大、数量多，形似无花果，盛果期时如一个个翠绿的莲蓬倒挂在枝条之中，极具观赏特性。在园林绿化中用其点缀山石、墙壁，甚至可以用以造型，形成拱门或藤架等。

食用方法：瘦果可以用于制作凉粉或者炖猪蹄。

108 鸡蛋果

Passiflora edulis Sims

科属： 西番莲科西番莲属

形态特征： 草质藤本。叶纸质，掌状3深裂。聚伞花序退化仅存1花，与卷须对生，花芳香。浆果卵球形，熟时紫色。花期6月份，果期11月份。

生长习性： 喜阳光充足、气候温暖、土壤肥沃、排水良好的环境。不耐寒，忌积水。

观赏价值及园林用途： 花大美丽，花形奇特，果色鲜艳。常用于垂直绿化和棚架绿化。

食用方法： 果肉可以生吃，主要用于加工果汁饮料，有

"果汁之王"的美誉，或者添加在其他饮料中以提高饮料的品质；也可以当菜吃，放在火上烤，最好埋在烫的灶灰里，将皮烤软后剥掉，切细，然后用来炒肉吃，也可以加上调料凉拌着吃，味道非常不错。还可以和青菜、白菜一起煮"酸杷菜"吃。拌青辣椒，佐以干鸡枞、大蒜、生姜、芫荽，是有名的家常菜。

109 栝楼（瓜蒌）

Trichosanthes kirilowii Maxim.

科属：葫芦科栝楼属

形态特征：多年生草质藤本。茎有棱线，卷须2～3歧。叶互生，叶片宽卵状心形，长宽相近，浅裂至深裂，花冠白色，雌花单生。果实椭圆形至球形，果瓤橙黄色。种子扁椭圆形。花期6～8月份，果期9～10月份。

生长习性：喜温暖湿润的气候环境，较耐旱，怕水涝。

观赏价值及园林用途：外形奇特，色彩艳丽，可用于园林垂直绿化和室内观赏。

食用方法：籽干炒后食用，质脆肉满，香气浓厚，是休闲食品瓜子中的极品。

110 凌霄

Campsis grandiflora (Thunb.) Schum.

科属：紫葳科凌霄属

形态特征：攀援藤本；茎木质，以气生根攀附于它物之上。叶对生，为奇数羽状复叶；小叶卵形至卵状披针形。顶生疏散的短圆锥花序，花冠内面鲜红色，外面橙黄色。蒴果顶端钝。花期5～8月份。

生长习性：喜温暖湿润气候，不耐霜冻。

观赏价值及园林用途：花朵漏斗形，大红或金黄，色彩鲜艳。花开时枝梢仍然继续蔓延生长，且新梢次第开花，所以花期较长。凌霄花为藤本植物，喜攀援，是庭院中绿化的优良植物，用细竹支架可以编成各种图案，非常实用美观。也可通过整修制成悬垂盆景，或供装饰窗台晾台等用。

食用方法：花晒干后，可以泡水喝，也可以和其他食材炖煮食用，如凌霄花阿胶粥、凌霄花黑豆排骨汤、凌霄花鱼头汤等。

111 萝藦

Cynanchum rostellatum (Turcz.) Liede & Khanum

科属：夹竹桃科鹅绒藤属

形态特征：多年生草质藤本，具乳汁。叶膜质，卵状心形，叶面绿色，叶背粉绿色。总状式聚伞花序腋生或腋外生，花冠白色，有淡紫红色斑纹，近辐状。蓇葖叉生，纺锤形，平滑无毛。花期7～8月份，果期9～12月份。

生长习性：喜温暖、光照充足的环境，不耐热、耐寒、耐旱。生长于海拔800～1000米的山坡、田野、路旁、河边、灌丛和荒地等处。

观赏价值及园林用途：多作地栽布置庭院，是矮墙、花廊、篱栅等处的良好垂直绿化材料。

食用方法：一般于夏秋季采摘萝藦嫩叶食用。因其性甘味平，可沸水焯熟后调味凉拌食用，可配鸡蛋做汤、菜食用，亦可配肉片炒食用；因其叶片大，还能用其制作叶包菜肴等。其幼嫩之果则可焯熟后凉拌，可挂糊油炸，可做拔丝菜等，皆形美色艳，别具一格。

112 密花豆（鸡血藤）

Spatholobus suberectus Dunn

科属：豆科密花豆属

形态特征：攀援藤本，幼时呈灌木状。小叶纸质或近革质，异形，顶生的两侧对称，侧生的两侧不对称，与顶生小叶等大或稍狭。圆锥花序腋生或生于小枝顶端，花瓣白色，旗瓣扁圆形。荚果近镰形，密被棕色短绒毛，基部具果颈，种皮紫褐色，薄而脆，光亮。花期6月份，果期11～12月份。

生长习性：喜温暖，喜光，也稍耐阴。

观赏价值及园林用途：枝叶青翠茂盛，紫红或玫红色的圆锥花序成串下垂，色彩艳美，适用于花廊、花架、建筑物墙面等的垂直绿化，也可配植于亭榭、山石旁。其生性强健，亦可作地被覆盖荒坡、河堤岸及疏林下的裸地等，还可作盆景材料。

食用方法：干燥藤茎是一味中药，主要吃法有：鸡血藤乌鸡汤、鸡血藤木瓜豆芽汤、鸡血藤蛋汤、丹参鸡血藤润肤汤、杜仲鸡血藤猪腰汤、鸡血藤炖猪蹄、鸡血藤酒等。

113 木通

Akebia quinata (Thunb. ex Houtt.) Decne.

科属： 木通科木通属

形态特征： 落叶木质藤本。掌状复叶互生或在短枝上的簇生，小叶纸质，倒卵形或倒卵状椭圆形。伞房花序式的总状花序腋生，花略芳香。果孪生或单生，成熟时紫色，腹缝开裂。花期4～5月份，果期6～8月份。

生长习性： 喜阴湿，较耐寒。

观赏价值及园林用途： 花紫红色，玲珑可爱，花未开放时，花序如一串串绿色的葡萄挂在藤间，花绽放后，花序如一串串紫色的风铃摇曳在翠叶中。可配植于花架、门廊或攀附于镂空隔墙、栅栏之上，或匍匐于岩隙之间，还可用于高架桥桥墩绿化，是优良的垂直绿化材料。

食用方法： 鲜果味甜可直接吃，也可以拌糖煮着吃；果皮晒干切丝泡茶；果肉切丝和瘦肉、胡萝卜炒食。

114 葡萄

Vitis vinifera L.

科属：葡萄科葡萄属

形态特征：木质藤本。叶卵圆形，托叶早落。圆锥花序密集或疏散，多花，与叶对生。果实球形或椭圆形。花期4～5月份，果期8～9月份。

生长习性：喜光，喜温，耐寒能力较差。

观赏价值及园林用途：树姿优美，果色艳丽晶莹。可做成篱架、花廊、花架，又可成片栽植，还可盆栽观赏，是园林结合生产的优良棚架树种。

食用方法：成熟果实是一种水果，直接生吃，也可制果汁、果酱、罐头、蜜饯等。

115　忍冬（金银花）

Lonicera japonica Thunb.

科属：忍冬科忍冬属

形态特征：半常绿藤本。叶纸质，卵形至矩圆状卵形，有时卵状披针形，稀圆卵形或倒卵形，小枝上部叶通常两面均密被短糙毛，下部叶常平滑无毛而下面多少带青灰色。花白色，后变黄色。果实圆形，熟时蓝黑色，有光泽。花期4～6月份（秋季亦常开花），果熟期10～11月份。

生长习性：适应性很强，喜阳，耐阴，耐寒性强。

观赏价值及园林用途：枝繁叶茂，花朵奇特，香味清幽有很强的穿透力，是很好的观赏植物。除作假山老树攀援藤萝点缀夏日景色外，还可作荫棚或使之攀附墙垣或绿篱，取其藤萝掩映之趣。枝干韧性强，可随意弯曲，是制作盆景的良材。也可取其扭曲多姿之老桩，截干蓄枝，促成蔓条纷垂，配之造型古朴的优美花盆，并使之枝蔓垂散一侧，疏密有度。

食用方法：鲜花或干花可直接泡水饮用，也可以与百合、枸杞一起煮制百合枸杞金银花茶，还可以做金银花瘦肉粥、金银花莲子粥，以及金银花卷、银荷莲藕炒豆芽等小吃。

116　中华猕猴桃

Actinidia chinensis Planch.

科属： 猕猴桃科猕猴桃属

形态特征： 大型落叶藤本。叶纸质，倒阔卵形至倒卵形或阔卵形至近圆形。聚伞花序1～3朵花，花初放时白色，开放后变淡黄色。果黄褐色，近球形、圆柱形、倒卵形或椭圆形，被茸毛、长硬毛或刺毛状长硬毛，成熟时秃净或不秃净。

生长习性： 生长于海拔200～600米低山区的山林中，一般多出现于高草灌丛、灌木林或次生疏林中，喜欢腐殖质丰富、排水良好的土壤。

观赏价值及园林用途： 藤蔓缠绕盘曲，枝叶浓密，花美且芳香，适用于垂直绿化，是良好的棚架材料，既可观赏又有经济收益，特别适合在自然式公园中配植应用。

食用方法： 果实除鲜食外，也可以加工成各种食品和饮料，如果酱、果汁、罐头、果脯、果酒、果冻等，国外常把它制成沙拉、沙司等甜点。

117 紫藤

Wisteria sinensis (Sims) DC.

科属：豆科紫藤属

形态特征：落叶藤本。奇数羽状复叶，小叶纸质，卵状椭圆形至卵状披针形。总状花序发自去年生短枝的腋芽或顶芽，花冠紫色。荚果倒披针形，悬垂枝上不脱落。花期4月份中旬至5月份上旬，果期5～8月份。

生长习性：对气候和土壤的适应性强，较耐寒，能耐水湿及瘠薄土壤，喜光，较耐阴。

观赏价值及园林用途：优良的观花藤本植物，自古即栽培作庭园棚架植物，先叶开花，紫穗满垂缀以稀疏嫩叶，十分优美。一般应用于园林棚架，春季紫花烂漫，别有情趣，适栽于湖畔、池边、假山、石坊等处，具独特风格，盆景也常用。

食用方法：花可以用来做紫藤糕、紫藤粥、炸紫藤鱼，还可以炒菜或者凉拌。

118 凹叶景天

Sedum emarginatum Migo

科属： 景天科景天属

形态特征： 多年生草本植物。茎节的下部平卧于地面或地下，节上生有不定根；上部直立，淡紫色，略呈四棱形。叶片顶端圆而且有一个凹陷，枝叶密集如地毯。花较小，黄色，着生在花枝的顶端。花期5～6月份，果期6月份。

生长习性： 耐旱，喜半阴环境。

观赏价值及园林用途： 植株低矮，叶片翠绿密集，聚伞花序大而平展，小花繁密，盛开时一片金黄，群体观赏效果极佳，是优良的地被植物和岩石园植物。绿色期长，是园林中较好的耐阴地被植物。

食用方法： 嫩茎叶，洗净，开水烫熟，清水浸洗，可凉拌、炒食。

119 八宝景天

Hylotelephium Spectabile (Bor.) H. Ohba

科属： 景天科八宝属

形态特征： 多年生肉质草本。根为须根性，具块根。茎直立，少分枝。叶对生，少有互生或3叶轮生，叶片长圆形或卵状长圆形，先端钝，基部渐狭成短柄或无柄，叶色灰绿。聚伞花序顶生；花萼三角状卵形；花瓣宽披针形。花期8～10月份。

生长习性： 喜光，耐半阴，耐旱，耐寒，喜通风良好的环境。

观赏价值及园林用途： 叶色碧绿，花色鲜艳，是良好的观叶、观花地被植物，可用于布置花坛、花境和点缀草坪，亦可片植于疏林下作地被用。

食用方法： 嫩茎叶，洗净，开水焯熟，再用清水浸洗，可凉拌、炒食。

120 白车轴草

Trifolium repens L.

科属：豆科车轴草属

形态特征：多年生草本植物。茎贴地匍匐；叶柄直立，小叶心形，边缘具细齿，叶脉明显，小叶叶柄极短；托叶椭圆形，顶端尖抱茎；头状花序，总花梗长于叶柄；花白色或淡红色；荚果倒卵状。花期4～6月份。

生长习性：喜光，喜温暖湿润气候，不耐干旱和长期积水。

观赏价值及园林用途：可作为绿肥、堤岸防护草种，也可进行草坪装饰供观赏。

食用方法：嫩茎叶，洗净，开水焯熟，再用清水浸洗，可凉拌、炒食、做汤。

121　白茅

Imperata cylindrica (L.) Beauv.

科属：禾本科白茅属

形态特征：多年生草本，具粗壮的长根状茎。秆直立，叶鞘聚集于秆基，甚长于其节间，叶舌膜质，分蘖叶片，扁平，质地较薄；秆生叶片，窄线形，通常内卷，被有白粉，基部上面具柔毛。圆锥花序稠密，两颖草质及边缘膜质，第一外稃卵状披针形，第二外稃卵圆形。颖果椭圆形，胚长为颖果之半。花果期4～6月份。

生长习性：适应性强，耐阴，耐瘠薄和干旱，喜湿润疏松土壤。

观赏价值及园林用途：观赏点是白色毛团状的果实，作为现代园林的一种观赏草被广泛应用。白茅适宜成群栽植，在植物造景中做中境或背景使用。

食用方法：食用都是以新鲜采摘的白茅根为主，除了直接生吃，还能用来煮汤、煲粥、做糖水等。例如，胡萝卜甘蔗白茅根瘦肉汤、白茅根瘦肉汤、白茅根甘蔗玉米糖水以及玉米须猪肚白茅根汤等。

122 百合

Lilium brownii F. E. Brown ex Miellez var. *viridulum* Baker

科属： 百合科百合属

形态特征： 鳞茎球形，白色。叶倒披针形至倒卵形。花单生或几朵排成近伞形，花喇叭形，有香气，乳白色，外面稍带紫色，无斑点。蒴果矩圆形，有棱，具多数种子。花期5～6月份，果期9～10月份。

生长习性： 喜凉爽，较耐寒。高温地区生长不良。喜干燥，怕水涝。

观赏价值及园林用途： 在园林中应用广泛，可以和花木或山石配植，在种植原则上，常用高大种类百合与灌木配植成丛；中高种类百合则适宜稀疏林下或林缘空地成片栽植或丛植，亦可作花坛中心及花境背景，更显示出百合花娇艳妩媚的花色和壮丽豪放的雄姿。

食用方法： 百合鳞茎有鲜、干两种，均含有丰富的蛋白质、脂肪、脱甲秋水仙碱和钙、磷、铁以及维生素等，是老幼皆宜的营养佳品。既可以煲汤、熬粥，也可以清炒。

123　百日菊

Zinnia elegans Jacq.

科属：菊科百日菊属

形态特征：一年生草本。茎直立，被糙毛或长硬毛。叶宽卵圆形或长圆状椭圆形，基部稍心形抱茎，两面粗糙，下面密被短糙毛。头状花序单生于枝端。舌状花深红色、玫瑰色、紫堇色或白色，管状花黄色或橙色。雌花瘦果倒卵圆形，管状花瘦果倒卵状楔形。花期6～9月份，果期7～10月份。

生长习性：喜欢温暖湿润环境，可耐半阴和干旱，但不耐严寒。

观赏价值及园林用途：花期比较长，株形美观，花色丰富而艳丽，养护简单，是夏日园林中的优良花卉，可按高矮分别用于花坛、花境、花带，还是道路绿化的常见花卉，也常用于盆栽，其中高秆品种是鲜切花的原材料。

食用方法：嫩叶可食，做成蔬菜沙拉。

124 败酱

Patrinia scabiosifolia Link

科属: 忍冬科败酱属

形态特征: 多年生草本。根茎横卧或斜坐,有特殊的臭气,如腐败的豆酱味。基生叶丛生,花时枯落,卵形、椭圆形或椭圆状披针形;茎生叶对生,宽卵形或披针形。顶生大型聚伞花序多分枝,呈伞房状的圆锥花丛,花色为黄色。瘦果椭圆形,不具翼状苞。花期7～9月份,果期9月份。

生长习性: 喜稍湿润环境,耐严寒,以较肥沃的沙质土壤为佳。

观赏价值及园林用途: 经典的初秋观赏植物,常与芒草、瞿麦、地榆等植物装点秋季。花量大,低调素雅又极富结构感,花枝挺立而不倒伏,适合林下绿化栽培。

食用方法: 吃法简单。幼苗嫩叶先用开水烫一会,然后凉拌,也可热炒、做汤、做馅。

125　半枝莲

Scutellaria barbata D. Don

科属： 唇形科黄芩属

形态特征： 多年生草本。叶片三角状卵圆形或卵圆状披针形，有时卵圆形，上面橄榄绿色，下面淡绿有时带紫色。花单生于茎或分枝上部叶腋内，花冠紫蓝色。小坚果褐色，扁球形，具小疣状突起。花果期4～7月份。

生长习性： 喜温暖气候和湿润、半阴的环境，对土壤要求不严。

观赏价值及园林用途： 花繁艳丽，花期较长，常用于装饰草地或坡地，也可作为盆栽或花坛布置，陈列于窗沿、走廊、庭院以供观赏。

食用方法： 干品很适合熬粥或者煲汤，取适量的半枝莲水煎，去渣取汁，然后加入粳米，用小火煮一段时间即可，味美；可搭配墨鱼熬汤，也可搭配鲫鱼、豆腐熬汤。

126　薄荷

Mentha canadensis L.

科属：唇形科薄荷属

形态特征：多年生草本。茎直立，高30～60厘米。叶片为披针形或椭圆形，边缘有粗大的锯齿，表面为淡绿色。轮伞花序腋生，轮廓球形，具梗或无梗。花萼管状钟形，外被微柔毛及腺点，内面无毛。花冠淡紫色。花期7～9月份，果期10月份。

生长习性：适应性强，耐寒且好种植。喜欢光线明亮但不直接照射到的阳光之处，同时要有丰润的水分。

观赏价值及园林用途：株形丰满，叶色青翠，常年绿意盎然，颇具观赏价值，常布置花境，也可盆栽观赏。

食用方法：新鲜嫩茎叶可以食用，也能榨汁，还可以冲茶和配酒，或作为调味剂和香料。

127　北葱

Allium schoenoprasum L.

科属：百合科葱属

形态特征：多年生草本。鳞茎常数枚聚生，卵状圆柱形，鳞茎外皮灰褐色或带黄色，皮纸质，条裂，有时顶端纤维状。叶光滑，管状，中空，略比花葶短。花葶圆柱状，中空。伞形花序近球状，具多而密集的花，花紫红色至淡红色，具光泽。内轮花丝基部狭三角形扩大，花柱不伸出花被外。花果期7～9月份。

生长习性：喜凉爽阳光充足的环境，忌湿热多雨，要求疏松肥沃的沙壤土。

观赏价值及园林用途：庭园香药草植物，大片开花时变成粉色的花海，非常壮观。

食用方法：可食用部位一般是叶片鞘以上的部分，是常见的香辛调味料。最常见的用法是切碎生用，直接撒在焗土豆、沙拉、蛋饼、烤鱼、米线等各种食物上，既能起到点缀作用，又能增加食物的风味。

128 荸荠

Eleocharis dulcis (N. L. Burman) Trinius. ex Hensch.

科属：莎草科荸荠属

形态特征：多年生宿根性草本，秆丛生，有横膈膜，干后有节，无叶片。小穗圆柱状，具多花。小坚果宽倒卵形，扁双凸状。

生长习性：喜生长于池沼中或栽培在水田里，喜温暖湿润，怕冻，适宜生长在耕层松软、底土坚实的壤土中。

观赏价值及园林用途：适合露地栽种，为池畔溪边的造景材料，亦可盆栽观赏。园林水景中，可点缀造景；人工湿地中，常作为表流湿地配置植物应用。

食用方法：以地下膨大球茎供食用，可以生食、熟食或做菜，尤适于制作罐头，称为"清水马蹄"，是菜馆的主要佐料之一，还可提取淀粉，与藕粉、菱粉称为淀粉三魁。

129 菜蓟

Cynara scolymus L.

科属：菊科菜蓟属

形态特征：多年生草本。茎粗壮，直立，有条棱，茎枝密被蛛丝毛或毛变稀疏。叶大型，基生叶莲座状；下部茎叶全形、长椭圆形或宽披针形，二回羽状全裂，最上部及接头状花序下部的叶长椭圆形或线形。全部叶质地薄，草质。头状花序极大，生于分枝顶端，植株含多数头状花序。小花紫红色，瘦果长椭圆形。花果期7月份。

生长习性：喜冬暖夏凉的气候条件，温度适应范围较广，对土壤要求不严格，但以疏松、肥沃、排灌方便的壤土、沙壤土为最佳。

观赏价值及园林用途：一种高雅的观赏花卉，其大型头状花序开放时，紫蓝色的花朵像蓝宝石般绚丽夺目，惹人喜爱。

食用方法：作蔬菜用，食其肉质花托和总苞片基部的肉质部分，口感介于鲜笋与蘑菇之间，还有特殊清香。国外一般先焯熟再凉拌或做沙拉开胃菜或烤菜蓟，中餐则更加花样百出，既可配肉调味清炒，鲜嫩爽口，亦可作为炖、煲家禽、肉类等汤羹的配料，或掺入面食，风味独特。除鲜食外，也可盐渍、速冻或加工成罐头食品。

130　巢蕨（鸟巢蕨）

Asplenium nidus L.

科属：铁角蕨科铁角蕨属

形态特征：多年生阴生草本观叶植物。植株高80～100厘米，根状茎直立，粗短，木质，深棕色，先端密被鳞片；鳞片阔披针形，先端渐尖，全缘，薄膜质，深棕色，稍有光泽。孢子囊群线形。

生长习性：喜高温湿润，不耐强光。

观赏价值及园林用途：大型的阴生观叶植物，悬吊于室内也别具热带情调，植于热带园林树木下或假山岩石上，盆栽的小型植株用于布置明亮的客厅、会议室及书房、卧室。

食用方法：嫩芽及嫩幼叶采摘后，清水洗净，开水焯熟，再浸洗，凉拌，或同其他食材一同炒菜。

131 车前

Plantago asiatica Ledeb.

科属：车前科车前属

形态特征：二年生或多年生草本。须根多数。叶基生呈莲座状，叶片薄纸质或纸质，宽卵形至宽椭圆形。穗状花序细圆柱状，花冠白色，无毛。蒴果纺锤状卵形、卵球形或圆锥状卵形。花期4～8月份，果期6～9月份。

生长习性：适应性强，喜向阳、湿润的环境，耐寒、耐旱、耐涝。

观赏价值及园林用途：通体碧绿，散发着勃勃生机，圆润的叶子犹如猪耳朵一样可爱，翠绿的花序随风摇摆，生动有趣。适用于林下、边缘或半阴处作园林地被植物，也可作花坛、花径的镶边材料，在草坪中成丛散植，可组成缀花草坪，饶有野趣，也可盆栽供室内观赏。

食用方法：鲜嫩幼株或幼芽焯熟后凉拌、炒食、煲汤，做饺子馅料。

132 垂盆草

Sedum sarmentosum Bunge

科属： 景天科景天属

形态特征： 多年生草本。3叶轮生，叶倒披针形至长圆形，基部骤窄，有距。聚伞花序，花瓣黄色。种子卵形。花期5～7月份，果期8月份。

生长习性： 喜温暖湿润、半阴的环境，适应性强。

观赏价值及园林用途： 叶质肥厚，色绿如翡翠，颇为整齐美观。可用于岩石园及吊盆观赏等。

食用方法： 鲜嫩茎叶常和红枣搭配，煮茶或是切碎熬成糖浆，也可用新鲜垂盆草汁液熬粥。

133 春兰（兰花）

Cymbidium goeringii (Rchb. f.) Rchb. f.

科属：兰科兰属

形态特征：地生植物；假鳞茎较小，卵球形，包藏于叶基之内。叶带形，通常较短小，下部常有对折而呈V形，边缘无齿或具细齿。花葶从假鳞茎基部外侧叶腋中抽出，直立，花色泽变化较大，通常为绿色或淡褐黄色，有紫褐色脉纹，有香气。蒴果狭椭圆形。花期1～3月份。

生长习性：喜通风透气、温暖湿润的环境，喜光怕晒，喜湿怕涝，喜阴怕暗。

观赏价值及园林用途：春兰在中国有悠久的栽培历史，多盆栽，作为室内观赏用，开花时有特别幽雅的香气，为室内布置的佳品。

食用方法：兰花的香气清冽、醇正，用来制茶，风味非凡。

草本

134　刺芹

Eryngium foetidum L.

科属： 伞形科刺芹属

形态特征： 二年生或多年生草本。基生叶披针形或倒披针形不分裂，革质；茎生叶着生在每一叉状分枝的基部，对生。头状花序生于茎的分叉处及上部枝条的短枝，花瓣白色、淡黄色或草绿色。果卵圆形或球形，表面有瘤状凸起。花果期4～12月份。

生长习性： 适应性较强，无论是肥沃的土壤还是贫瘠的土壤都能生长，耐热不耐寒，喜湿也耐旱。

观赏价值及园林用途： 造型独特，带有金属光泽的蓝，是较为优秀的切花，花束中加上几枝刺芹会显得特别美丽。

食用方法： 嫩茎叶可食，一年四季均可采摘，其香味独特，洗净、焯熟后可直接凉拌食用。也可以作为香料，煲汤时加入一些会使汤味更加鲜美，在泰餐中有名的冬阴功汤中刺芹就是不可或缺的材料之一。也可当作其他菜肴的配料食用。

135 丹参

Salvia miltiorrhiza Bunge

科属：唇形科鼠尾草属

形态特征：多年生直立草本。根肥厚，肉质，外面朱红色，内面白色。叶常为奇数羽状复叶，小叶卵圆形或椭圆状卵圆形或宽披针形。轮伞花序，下部者疏离，上部者密集，组成具长梗的顶生或腋生总状花序，花冠紫蓝色。小坚果黑色，椭圆形。花期4～8月份，花后见果。

生长习性：喜温暖湿润气候，耐严寒。

观赏价值及园林用途：花色素淡，叶片翠绿，适于作疏林下的地被、花境材料，能给人秀丽恬静、重返自然的感觉。

食用方法：根（习惯性用根切片），一般干制品用来炖汤或泡水。由于丹参的根有活血作用，孕妇不宜食用，易导致流产。

136 灯笼果

Physalis peruviana L.

科属： 茄科洋酸浆属

形态特征： 多年生草本植物。茎直立，不分枝或少分枝，密生短柔毛；叶较厚，阔卵形或心脏形，两面密生柔毛；花萼阔钟状；花冠阔钟状，黄色，喉部有紫色斑纹；果萼卵球状，薄纸质，淡绿色或淡黄色；夏季开花结果。

生长习性： 喜温暖湿润环境，耐寒，以肥沃的沙质壤土或黏土栽培为佳。

观赏价值及园林用途： 株形优美，果可爱。

食用方法： 果实成熟后酸甜，可生食或做果酱。

137 地肤

Bassia scoparia (L.) A. J. Scott

科属： 苋科沙水藜属

形态特征： 一年生草本。根略呈纺锤形。茎直立，淡绿色或带紫红色，分枝稀疏，斜上。叶为平面叶，披针形或条状披针形。花两性或雌性，通常 1～3 朵生于上部叶腋，构成疏穗状圆锥状花序，花被近球形，淡绿色。胞果扁球形，果皮膜质。花期 6～9 月份，果期 7～10 月份。

生长习性： 适应性强，喜光，耐旱、耐碱土，耐炎热气候，不择土壤。

观赏价值及园林用途： 作为彩色叶地被植物，可群植于花境、花坛，或与色彩鲜艳的花卉配植，可用来点缀零星空地。在土丘、假山上随坡就势、高低错落、疏密相间，可形成独特的园林景观。

食用方法： 嫩茎叶可以和面蒸食，做馅、炒食、凉拌、做汤等，如清炒地肤苗、焦炸地肤苗。种子可榨油。

138 地笋

Lycopus lucidus Turcz. ex Benth.

科属：唇形科地笋属

形态特征：多年生草本。根茎横走，具节。茎直立，四棱形，具槽，绿色，常于节上多少带紫红色。叶具极短柄或近无柄，长圆状披针形。轮伞花序无梗，轮廓圆球形，花冠白色，花盘平顶。小坚果倒卵圆状四边形，有腺点。花期6～9月份，果期8～11月份。

生长习性：喜温暖湿润气候，耐寒，不怕水涝，喜肥。

观赏价值及园林用途：植株直立整齐，可植于湿地沟边观赏。

食用方法：春、夏季可采摘嫩茎叶凉拌、炒食、做汤。晚秋以后采挖出的地下膨大的洁白色匍匐茎鲜食或炒食，或做酱菜等，口味堪称野菜珍品。

139 地榆

Sanguisorba officinalis L.

科属： 蔷薇科地榆属

形态特征： 多年生草本。基生叶为羽状复叶，小叶片卵形或长圆状卵形；茎生叶较少，小叶片长圆形至长圆披针形，狭长。穗状花序椭圆形，圆柱形或卵球形，萼片紫红色。果实包藏在宿存萼筒内。花果期7～10月份。

生长习性： 喜温暖湿润环境，耐寒，对土壤要求不严。

观赏价值及园林用途： 叶形美观，其紫红色穗状花序摇曳于翠叶之间，高贵典雅，可作花境背景或栽植于庭园、花园供观赏。

食用方法： 春夏季采集嫩苗、嫩茎叶或花穗，焯烫后用于炒食、做汤和腌菜，也可做色拉，因其具有黄瓜清香，做汤时放几片地榆叶更加鲜美；还可将其浸泡在啤酒或清凉饮料里增加风味。

140　东风菜

Aster scaber Thunb.

科属：菊科紫菀属

形态特征：多年生草本。基部叶在花期枯萎，叶片心形。头状花序，圆锥伞房状排列。瘦果倒卵圆形或椭圆形，冠毛黄白色。花期6～10月份；果期8～10月份。

生长习性：生长于山谷坡地、草地和灌丛中，极常见。耐阴，喜肥水，抗寒性极强。

观赏价值及园林用途：花朵较小，白色头状小花展开，花量繁多，群丛效果充满野趣。可丛植、片植于花境、花坛及庭院绿地中，可作背景材料，或片植。

食用方法：幼苗、嫩茎叶可供食用，焯熟后凉拌、炒食、做汤、炖土豆或肉类，还可做天妇罗（在日式菜点中，用面糊炸的菜统称天妇罗）等。

141 多花黄精

Polygonatum cyrtonema Hua

科属：天门冬科黄精属

形态特征：多年生草本植物，根状茎肥厚，少有近圆柱形，茎高可达100厘米，叶互生，椭圆形、卵状披针形至矩圆状披针形，伞形花序，花被黄绿色，浆果黑色，5～6月份开花，8～10月份结果。

生长习性：喜阴湿环境，耐寒。

观赏价值及园林用途：春末夏初，黄绿色花朵形似串串风铃，悬挂于叶腋间，在风中摇曳，十分美观。作为地被植物种植于疏林草地、林下溪旁及建筑物阴面的绿地花坛、花境、花台及草坪周围来美化环境，无不适宜。

食用方法：肉质根状茎肥厚，生食、炖服食用。

142 番红花（西红花、藏红花）

Crocus sativus L.

科属：鸢尾科番红花属

形态特征：多年生草本。球茎扁圆球形，外有黄褐色的膜质包被。叶基生，条形，灰绿色，边缘反卷；叶丛基部包有膜质的鞘状叶。花茎甚短，不伸出地面；花淡蓝色、红紫色或白色，有香味。蒴果椭圆形。

生长习性：喜冷凉、湿润和半阴环境，怕酷热，较耐寒。

观赏价值及园林用途：植株散漫飘逸，花色鲜艳丰富，具特异芳香，是点缀花坛和布置园艺的好材料，也可盆栽或水养供室内观赏。

食用方法：番红花是传统的名贵滋补品，一般用于泡茶、泡酒及当佐料。番红花独特的芳香及"帝王之色"，能让食物色香味俱全。在很多西餐中应用，如西班牙海鲜饭、藏红花面包、藏红花粥、藏红花米饭等。

143 翻白草

Potentilla discolor Bunge

科属：蔷薇科委陵菜属

形态特征：多年生草本。根粗壮，下部常肥厚呈纺锤形。花茎直立，密被白色绵毛。基生叶有小叶2～4对。聚伞花序有花数朵至多朵，疏散。瘦果近肾形，光滑。花果期5～9月份。

生长习性：喜微酸性至中性、排水良好的沙质壤土，适宜湿润的土壤，也耐干旱瘠薄。适宜温和干燥的气候。

观赏价值及园林用途：叶形优美，作为地被植物优雅别致。

食用方法：块根含有丰富的淀粉，可供食用；嫩茎以沸水煮熟后，再浸泡，可作蔬菜食用。

144 费菜（景天三七）

Phedimus aizoon (Linnaeus)'t Hart

科属：景天科费菜属

形态特征：多年生草本。根状茎短，直立。叶互生，狭披针形、椭圆状披针形至卵状倒披针形，坚实，近革质。聚伞花序有多花，肉质萼片，花黄色。花期6～7月份，果期8～9月份。

生长习性：喜光照，喜温暖湿润气候，不耐水涝。

观赏价值及园林用途：叶子和花具有观赏性，一般用于花坛花境以及地被栽种，也可以用盆栽或者是吊栽的，点缀平台庭院等。

食用方法：费菜叶洗净、焯熟后可蘸酱、凉拌、清炒、做汤。

145　蜂斗菜

Petasites japonicus(Sieb. et Zucc.)Maxim.

科属：菊科蜂斗菜属

形态特征：多年生草本。花茎中空，被白色茸毛或蛛丝状绵毛。根茎短粗。叶基生，有长叶柄，叶片心形或肾形，于花后出现。花雌雄异株；头状花序排列呈伞房状。瘦果线形。花、果期4～5月份。

生长习性：喜阴湿环境，对土壤要求不严。

观赏价值及园林用途：叶形优美，早春开花，适宜作为阴生地被植物。

食用方法：叶柄和嫩花芽可以用来炒菜、炖菜、煲汤或腌制食用。

146　凤仙花

Impatiens balsamina L.

科属： 凤仙花科凤仙花属

形态特征： 一年生草本。叶互生，最下部叶有时对生；叶片披针形、狭椭圆形或倒披针形。花单生或2～3朵簇生于叶腋，无总花梗，白色、粉红色或紫色，单瓣或重瓣。蒴果宽纺锤形，密被柔毛。花期7～10月份。

生长习性： 喜阳光，怕湿，耐热不耐寒。适生长于疏松肥沃微酸土壤中，但也耐瘠薄。

观赏价值及园林用途： 花如鹤顶、似彩凤，姿态优美，妩媚悦人。因其花色、品种极为丰富，是美化花坛、花境的常用材料，可丛植、群植和盆栽，也可作切花水养。

食用方法： 鲜嫩茎可炒、烧、烩、腌、泡茶或泡酒，炒肉片、烧青笋等。

147　菰（茭白）

Zizania latifolia (Griseb.) Turcz. ex Stapf

科属：禾本科菰属

形态特征：多年生草本，具匍匐根状茎。叶鞘长于其节间，肥厚，有小横脉；叶舌膜质，叶片扁平宽大。圆锥花序分枝多数簇生，果期开展。颖果圆柱形。

生长习性：喜温性植物，不耐寒冷和高温干旱。

观赏价值及园林用途：茎秆高大，叶片翠绿、扁平宽大，可用于园林水体的浅水区绿化布置，也是固堤造陆的先锋植物。

食用方法：秆基嫩茎粗大肥嫩，称茭白，是美味的蔬菜，沸水焯熟后可凉拌，又可与肉类、蛋类同炒，还可以做成饺子、包子、馄饨的馅，或制成腌品。颖果称菰米，作饭食用。

148 杭白菊

Chrysanthemum morifolium 'Hangbaiju'

科属：菊科莴蒿属

形态特征：多年生草本。叶卵形至披针形，羽状浅裂或半裂。头状花序，舌状花白色，瘦果不发育。花期9～11月份。

生长习性：喜光，耐寒不耐高温。

观赏价值及园林用途：花瓣较为厚实，朵形也相对较大，开花量大，花瓣白如玉，花蕊金黄，看起来非常漂亮，可种植于庭院花坛内，也可点缀窗台、阳台。

食用方法：杭白菊肉质肥厚，味道清醇甘美，特别适合泡茶饮用。

149 红花酢浆草

Oxalis corymbosa DC.

科属：酢浆草科酢浆草属

形态特征：多年生直立草本。叶基生；小叶3，扁圆状倒心形。总花梗基生，二歧聚伞花序，常排列呈伞形花序式，花淡紫色至紫红色，基部颜色较深。花、果期3～12月份。

生长习性：喜向阳、温暖、湿润的环境，生长于低海拔的山地、路旁、荒地或水田中。

观赏价值及园林用途：植株低矮、整齐，花多叶繁，花期长，花色艳，适合在花坛、花径、疏林地及林缘大片种植，用红花酢浆草组字或组成模纹图案效果很好。红花酢浆草也可盆栽布置于广场、室内阳台，同时也是庭院绿化镶边的好材料。

食用方法：茎叶沸水焯熟后可凉拌、炒菜。

150 华东山芹（山芹）

Ostericum huadongense Z. H. Pan & X.H.Li

科属： 伞形科山芹属

形态特征： 多年生草本植物。茎直立，中空，有较深的沟纹。基生叶及上部叶均为二至三回三出式羽状分裂；叶片轮廓为三角形，基部膨大成扁而抱茎的叶鞘。复伞形花序；花瓣白色。果实长圆形至卵形。花期8～9月份，果期9～10月份。

生长习性： 喜冷凉、湿润的气候，不耐高温。

观赏价值及园林用途： 叶形奇特，株形优美，是常用的花境及地被材料。

食用方法： 幼苗及嫩茎叶可以炒食或开水焯熟后凉拌。

151 华夏慈姑（慈姑）

Sagittaria trifolia subsp. *leucopetala* (Miquel) Q. F. Wang

科属：泽泻科慈姑属

形态特征：多年生草本。叶片宽大，肥厚，顶裂片先端钝圆，卵形至宽卵形；匍匐茎末端膨大呈球茎，球茎卵圆形或球形。圆锥花序高大，着生于下部，果期常斜卧水中；果期花托扁球形。种子褐色，具小凸起。

生长习性：喜温湿及充足阳光，生长于湖泊、池塘、沼泽、沟渠、水田等水域。

观赏价值及园林用途：叶形奇特，植株美丽，可作水边、岸边的绿化材料，也可作为盆栽观赏。

食用方法：球茎可作蔬菜食用，可炒、可烩、可煮。

152 黄花菜

Hemerocallis citrina Baroni

科属：阿福花科萱草属

形态特征：多年生草本。根近肉质，中下部呈纺锤状。花葶长短不一，花梗较短，花多朵，花被淡黄色、橘红色、黑紫色。蒴果钝三棱状椭圆形，花果期5～9月份。

生长习性：耐瘠、耐旱，常见于山坡、山谷、荒地或林缘。

观赏价值及园林用途：春季萌发早，花簇众多而颜色艳丽，叶丛自春至深秋始终保持鲜绿，是布置庭院、树丛中的草地或花境等地的好材料，也可作切花。

食用方法：新鲜黄花菜中含有秋水仙碱，易造成胃肠道中毒症状，故不能生食，吃之前须先用开水焯熟，再用凉水浸泡2小时以上。黄花菜的花可以凉拌（应先焯熟）、煮粥、煲汤、炒制食用。

153 黄精

Polygonatum sibiricum Redouté

科属： 天门冬科黄精属

形态特征： 多年生草本植物，根茎横生，肥大肉质，茎高50～90厘米。叶轮生，条状披针形，先端拳卷或弯曲成钩。白色花被，或顶端黄绿色的筒状花朵，花期5～6月份，果期8～9月份。

生长习性： 生长于山地林下、灌丛或山坡的半阴处。

观赏价值及园林用途： 黄精具有发达的贮存养分的根状茎，宜于林下和盆栽观赏。早春时节，植株破土而出，吐新纳绿；春末夏初，黄绿色花朵形似串串风铃，悬挂于叶腋间，在风中摇曳，甚是好看；其花期长，花谢果出，由绿色渐转至黑色、白色、紫色或红色，直至仲秋，满目芳华，别具魅力。从赏花到观果长达半载，是不可多得的观赏佳品。常作为地被植物种植于疏林草地、林下溪旁及建筑物阴面的绿地花坛、花境、花台及草坪周围来美化环境。

食用方法： 根可用来泡酒，煮粥，炖鸡、鸭、鱼、猪肉，连汤带肉一起吃。新鲜黄精根直接吃的话，其中所含有的黏液质，会对咽喉产生刺激，引起疼痛不适，因此，一般不建议吃新鲜黄精根，一般食用炮制过的熟黄精。

154　活血丹

Glechoma longituba (Nakai) Kupr.

科属：唇形科活血丹属

形态特征：多年生草本。叶草质，下部者较小，叶片心形或近肾形。轮伞花序，花冠淡蓝、蓝至紫色，下唇具深色斑点。成熟小坚果深褐色，长圆状卵形。花期4～5月份，果期5～6月份。

生长习性：喜阴湿环境，怕强光直射，对土壤的要求并不高。

观赏价值及园林用途：淡紫色的花，圆形叶片类似于铜币，具有很好的实用和观赏价值，是阴湿环境的优良观叶地被植物。多用于片林下、灌丛中阴湿处，是城市立交桥、高架桥下的地被新宠。也可用于盆栽观赏，是岩石园、花坛、花境的优选配植。

食用方法：嫩茎叶开水焯烫后炒食。

155 藿香

Agastache rugosa (Fisch. et Mey.) O. Ktze.

科属：唇形科藿香属

形态特征：多年生草本。叶心状卵形至长圆状披针形，纸质，上面橄榄绿色，近无毛，下面略淡，被微柔毛及点状腺体。轮伞花序多花，在主茎或侧枝上组成顶生密集的圆筒形穗状花序。花冠淡紫蓝色，外被微柔毛，冠檐二唇形。成熟小坚果卵状长圆形，腹面具棱，先端具短硬毛，褐色。花期6～9月份，果期9～11月份。

生长习性：喜温暖湿润和阳光充足环境，地上部分不耐寒，怕干燥和积水，对土壤要求不严。

观赏价值及园林用途：叶片翠绿，茎叶和花都具有香气，观叶闻香赏花，当密集的淡紫红色花盛开时，优美雅致，适于花境、池畔和庭院成片栽植，也可盆栽观赏。

食用方法：新鲜藿香洗净以后可以做成凉拌菜、泡茶、榨汁，也可以把它与肉片和鸡蛋等食材搭配在一起炒着吃，也可以用来做汤。

156 鸡冠花

Celosia cristata L.

科属：苋科青葙属

形态特征：叶片卵形、卵状披针形或披针形。花多数，极密生，成扁平肉质鸡冠状、卷冠状或羽毛状的穗状花序，一个大花序下面有数个较小的分枝，圆锥状矩圆形，表面羽毛状；花被片红色、紫色、黄色、橙色或红色黄色相间。花果期7～9月份。

生长习性：喜温暖干燥气候，怕干旱，喜阳光，不耐涝，但对土壤要求不严。

观赏价值及园林用途：经过多年的培育，鸡冠花的品种繁多，株、形、花色、叶色都有非常多的类型，享有"花中之禽"的美誉，是夏秋季常用的花坛用花。其中高型品种用于花境、点缀树丛外缘，还是很好的切花材料，切花瓶插保持时间长。鸡冠花也可制干花，经久不凋。

食用方法：花可以和鸡蛋搭配一起做汤，也可以用来炖猪肺或与米酒浸泡后喝。

157 蕺菜（鱼腥草）

Houttuynia cordata Thunb.

科属： 三白草科蕺菜属

形态特征： 多年生草本，全株有腥臭味；茎下部伏地，节上轮生小根，上部直立，有时带紫红色。叶互生，薄纸质，有腺点，背面尤甚。花白色，无花被，穗状花序顶生或与叶对生。蒴果顶端有宿存的花柱。花期4～7月份。

生长习性： 喜温暖潮湿环境，忌干旱。耐寒，怕强光。

观赏价值及园林用途： 枝叶碧绿，花蕊突出，是点缀园林水景区的优良观赏植物材料，与周围其他植物搭配种植，能突出园林水景之美。

食用方法： 鲜嫩白根及叶（开水焯熟后可使腥味儿变淡些）可凉拌，也可用炒、蒸、炖等方法烹制，是夏季餐桌上的一道佳品。

158 荚果蕨

Matteuccia struthiopteris (L.) Todaro

科属：球子蕨科荚果蕨属

形态特征：植株高90厘米。根状茎粗壮，短而直立，木质，坚硬，深褐色。叶簇生，上面有深纵沟，基部三角形，具龙骨状突起，密被鳞片，向上逐渐稀疏，叶片椭圆披针形至倒披针形，向基部逐渐变狭，二回深羽裂，羽片40～60对，互生或近对生，斜展。能孕叶较短，一回羽状，羽片线形，两侧强度反卷成荚果状，包裹孢子囊群。

生长习性：不耐干旱，对水分要求严格；既耐高温，也耐低温。

观赏价值及园林用途：叶片颜色翠绿，婀娜多姿，令人赏心悦目，是很好的观叶植物，作地被植物及花境等用。

食用方法：幼叶含有丰富的维生素，用开水焯一下，炒食、做馅食用。荚果蕨的幼叶，可以盐渍，速冻保鲜，是山野菜中的佳品。

159 姜花

Hedychium coronarium Koen.

科属：姜科姜花属

形态特征：淡水草本。叶片长圆状披针形或披针形，叶舌薄膜质。穗状花序顶生，花白色，子房被绢毛。花期8～12月份。

生长习性：喜高温高湿稍阴的环境，在微酸性的肥沃沙质壤土中生长良好。

观赏价值及园林用途：秀气的外形以及独特的清香，是天然的空气清新剂，是典型的家庭观赏型盆栽。可用于切花和园林配植。

食用方法：花瓣与芽都是绝佳的野菜，新鲜花瓣可制茶。

160 接骨草

Sambucus javanica Reinw. ex Blume

科属：荚蒾科接骨木属

形态特征：高大草本或亚灌木。茎有棱条，髓部白色；叶互生或对生，窄卵形。花萼筒杯状，花冠白色，花药黄色或紫色；果熟时红色，近圆形，果核卵圆形。花期4～5月份，果期8～9月份。

生长习性：喜较凉爽和湿润的气候，耐阴，耐寒，一般土壤均可种植。

观赏价值及园林用途：枝叶碧绿，株形优美，生长迅速，能快速达到绿化效果。

食用方法：嫩茎叶可以用来做汤。

161　金荞麦

Fagopyrum dibotrys (D. Don) Hara

科属：蓼科荞麦属

形态特征：多年生草本植物。根状茎木质化，茎直立，叶片三角形，顶端渐尖，基部近戟形，边缘全缘，托叶鞘筒状，花序伞房状，顶生或腋生；苞片卵状披针形；花白色，瘦果宽卵形，7～9月份开花，8～10月份结果。

生长习性：适应性较强，对土壤肥力、温度、湿度的要求较低，耐旱耐寒性强。

观赏价值及园林用途：叶形奇特，株形优美，作地被植物。

食用方法：根制作成茶饮，嫩叶可以焯水后清炒或凉拌。

162 锦葵

Malva cathayensis M. G. Gilbert, Y. Tang & Dorr

科属：锦葵科锦葵属

形态特征：二年生或多年生直立草本。分枝多，疏被粗毛。叶圆心形或肾形，具5～7圆齿状钝裂片。花3～11朵簇生，花紫红色或白色，花瓣5，匙形，先端微缺。果扁圆形，肾形。花果期5～10月份。

生长习性：喜阳光充足，耐寒，耐干旱，不择土壤。

观赏价值及园林用途：花色优美，用于花境造景，种植在庭院边角等地。

食用方法：嫩茎叶开水焯熟后凉拌或晒干泡茶、烧汤。

163　荆芥

Nepeta cataria L.

科属：唇形科荆芥属

形态特征：多年生草本植物。茎基部木质化，多分枝，基部近四棱形，上部钝四棱形，具浅槽，被白色短柔毛。叶卵状至三角状心脏形，先端钝至锐尖，基部心形至截形，草质，上面黄绿色。花序为聚伞状，花冠白色，下唇有紫点。花期7～9月份，果期9～10月份。

生长习性：适应性较强，喜欢温暖潮湿、阳光充足的生长环境。

观赏价值及园林用途：芳香植物，花淡雅，适宜作为地被植物，也可以用于布置庭院的花境，或点缀岩石园。

食用方法：嫩茎叶洗净后可凉拌，作调味品，清香可口。

164　桔梗

Platycodon grandiflorus (Jacq.) A. DC.

科属：桔梗科桔梗属

形态特征：多年生草本。茎高20～120厘米，通常无毛，偶密被短毛，不分枝，极少上部分枝。叶全部轮生，部分轮生至全部互生，无柄或有极短的柄，叶片卵形，卵状椭圆形至披针形。花单朵顶生，或数朵集成假总状花序，或有花序分枝而集成圆锥花序，蓝色或紫色。花期7～9月份。

生长习性：喜温暖、喜光，耐寒、怕水涝、忌大风。

观赏价值及园林用途：花期长，颜色鲜艳，具有极高的观赏价值，适宜作盆栽花或花坛地植。

食用方法：一般在春夏两季可以采食桔梗的嫩叶，在秋季又可以食用桔梗的根茎。干或鲜根茎切片煲汤，加入汤水与肉类搭配。鲜嫩叶还可以炒成蔬菜，凉拌，泡茶或腌制成咸菜。

165　菊花

Chrysanthemum morifolium Ramat.

科属：菊科菊属

形态特征：多年生草本。茎直立，分枝或不分枝，被柔毛。叶卵形至披针形，羽状浅裂或半裂，有短柄，叶下面被白色短柔毛。头状花序，大小不一。总苞片多层，外层外面被柔毛。舌状花颜色各种。管状花黄色。花期9～11月份。

生长习性：喜凉，耐寒，喜阳光充足。

观赏价值及园林用途：由于菊花傲霜而立，凌寒不凋，花姿飘逸，淡意疏容，晚香凝美，是金秋时节赏心悦目的上等装饰品，可用于公园、花坛、花境、居室、窗台、会场。

食用方法：食用价值很高。菊花能够当药还可以入菜。像菊花四季豆、菊花馍馍、菊花酥、菊花豆油皮、两色菊花卷、菊花糕、糖醋菊花鱼等都是菊花入食的经典。菊花还能和许多食物或者中药材一起制成菊花茶、菊花酒来食用。

166 菊芋

Helianthus tuberosus L.

科属： 菊科向日葵属

形态特征： 多年生草本，有块状的地下茎及纤维状根。茎直立，有分枝，被白色短糙毛或刚毛。叶通常对生，有叶柄，但上部叶互生；下部叶卵圆形或卵状椭圆形。头状花序较大，花黄色。瘦果小，楔形。花期8～9月份。

生长习性： 耐寒抗旱，耐瘠薄，对土壤要求不严。

观赏价值及园林用途： 花朵颜色为明亮的黄色，给人一种阳光和积极向上的感觉，花期长，在园林中可以作为遮挡植物，适合营造野趣的氛围。

食用方法： 地下块茎可以食用，煮食、熬粥、腌制咸菜、晒制菊芋干，或作制取淀粉和酒精的原料。

167　决明

Senna tora (Linnaeus) Roxburgh

科属： 豆科决明属

形态特征： 直立，粗壮，一年生亚灌木状草本。叶轴上每对小叶间有棒状的腺体1枚；小叶膜质，倒卵形或倒卵状长椭圆形。花腋生，通常2朵聚生，花瓣黄色。荚果纤细，近四棱形，两端渐尖，膜质。花果期8～11月份。

生长习性： 喜高温、湿润气候。适宜于沙质壤土、腐殖质土或肥分中等的土中生长。

观赏价值及园林用途： 黄花灿烂，鲜艳夺目，是粗放的草本花卉和传统的药用花卉，在园林中最宜群植，装饰林缘，或作为低矮花卉的背景材料。

食用方法： 嫩茎叶嫩果作为野菜食用，种子可用于泡茶，和各种食材组合，冲制成饮品。

168 宽叶韭

Allium hookeri Thwaites

科属: 百合科葱属

形态特征: 多年生草本。鳞茎聚生,叶条形至宽条形,稀为倒披针状条形,比花葶短或近等长。花葶侧生,圆柱状,或略呈三棱柱状,伞形花序近球状,花白色,星芒状开展。花果期8～10月份。

生长习性: 适宜冷凉湿润气候,生长于海拔1500～4000米的湿润山坡或林下。

观赏价值及园林用途: 叶片翠绿而宽长,一朵朵小白花簇拥成小花球,纯真可爱,适合作地被观赏植物。

食用方法: 幼苗嫩叶、嫩花葶和根均作蔬菜食用,幼苗嫩叶和嫩花葶可炒食、炖汤、煮食、蒸食、做馅或蘸酱。根可煮食、炒食或做盐渍腌菜。

169 狼尾花

Lysimachia barystachys Bunge

科属：报春花科珍珠菜属

形态特征：多年生草本。叶互生或近对生，长圆状披针形、倒披针形以至线形。总状花序顶生，花密集，常转向一侧。蒴果球形。花期5～8月份；果期8～10月份。

生长习性：喜温暖，常生长于山坡林下及路旁。

观赏价值及园林用途：花序形状别致，花朵密集精巧，可作切花装饰花篮、花环、瓶插。

食用方法：是蔬菜的一种，嫩茎叶可食用，最常见的三种吃法是炒鸡蛋、做汤、沸水焯熟后凉拌。

170 莲（荷花）

Nelumbo nucifera Gaertn.

科属：莲科莲属

形态特征：多年生草本植物，根茎肥大多节，横生于水底泥中；叶盾状圆形，表面深绿色，被蜡质白粉，背面灰绿色；花单生于花梗顶端，高于水面之上，花色有白色、深红色、淡紫色或间色等变化。果为椭圆形。花期6～9月份，果期9～10月份。

生长习性：喜温暖、湿润气候和全光照，喜肥，喜相对稳定的静水。

观赏价值及园林用途：花色丰富，花大色艳，清香远溢，凌波翠盖，而且有着极强的适应性。既可广植湖泊、水景等，蔚为壮观，又能盆栽瓶插，别有情趣。

食用方法：莲藕是优良的蔬菜和蜜饯果品。莲叶、莲花、莲蕊等也都是中国人民喜爱的药膳食品。莲子同样是高级滋补营养品。

171　留兰香

Mentha spicata L.

科属：唇形科薄荷属

形态特征：多年生草本。茎直立，高40～130厘米，钝四棱形，具槽及条纹，不育枝仅贴地生。叶卵状长圆形或长圆状披针形，边缘具尖锐而不规则的锯齿，草质，上面绿色，下面灰绿色。轮伞花序生于茎及分枝顶端，间断但向上密集的圆柱形穗状花序，花萼钟形，花冠淡紫色。花期7～9月份。

生长习性：适应性强，喜温暖、湿润气候。

观赏价值及园林用途：花期长，花朵小而繁多，花色清新淡雅，适合在城市道路进行种植，能起到绿化和美化作用。

食用方法：嫩枝、叶常作为调味剂、香料、饮品。做肉、鱼、海鲜等不同口味的菜肴时，加几片鲜叶，可去膻味、腥味，并散发出独特的清香味。叶子可作为蔬菜，凉拌、炒吃。

172　龙牙草

Agrimonia pilosa Ldb.

科属：蔷薇科龙牙草属

形态特征：多年生草本。叶为间断奇数羽状复叶，小叶倒卵形、倒卵椭圆形或倒卵披针形。花序穗状总状顶生，花瓣黄色。果实倒卵圆锥形，顶端有数层钩刺，幼时直立，成熟时靠合。花果期5～12月份。

生长习性：喜温暖湿润的气候，耐热，耐寒。生命力很顽强，溪谷边、灌木丛、林下均可见到它的身影。

观赏价值及园林用途：夏天，穗状的花序逐渐开放，金黄色的花瓣精致可爱，是夏日山野中常见的一道风景。

食用方法：鲜幼苗及嫩茎叶洗净，用沸水焯熟，再放入凉水中反复漂洗，去除苦涩味后炒食、凉拌或蘸酱食。

173 芦荟

Aloe vera (L.) Burm. f.

科属： 阿福花科芦荟属

形态特征： 茎较短。叶近簇生或稍二列（幼小植株），肥厚多汁，条状披针形，粉绿色。总状花序具几十朵花，苞片近披针形，稀疏排列，淡黄色，有红斑，蒴果。花果期7～9月份。

生长习性： 喜温暖，耐高温，不耐寒，忌积水。

观赏价值及园林用途： 叶大美观，花整齐有序，可植于具沙质土壤的路边、山石边或墙边观赏，也多用于多浆植物区与其他多肉植物配植。

食用方法： 生食，割取新鲜叶片，洗净后，削去叶缘齿刺，连皮吃或削去皮吃，或榨汁、泡酒、做甜点、制茶等，也可以鲜芦荟片代生鱼片蘸酱油、芥末食用。鲜芦荟叶或芦荟胶冻还可作蔬菜使用。如用于甜食、凉拌面的调料、汤菜、沙拉、炸菜、炒菜、炖菜等。

174 芦苇

Phragmites australis (Cav.) Trin. ex Steud.

科属：禾本科芦苇属

形态特征：多年生草本，根状茎十分发达。秆直立，节下被蜡粉，叶片披针状线形。圆锥花序大型，着生稠密下垂的小穗，颖果长圆形。花果期7～9月份。

生长习性：喜光，耐寒，耐酷热。多生长于池沼、河岸、河溪边等多水地区。

观赏价值及园林用途：茎秆直立，植株高大，迎风摇曳，野趣横生。种在公园的湖边，开花季节特别美观。

食用方法：新芦苇根或干芦苇根都用可以用来煮粥或熬汤，例如芦苇根绿豆汤、芦苇根麦冬饮、芦苇根青皮粳米粥、芦苇根荸荠雪梨饮等。

175　芦竹

Arundo donax L.

科属： 禾本科芦竹属

形态特征： 多年生草本，具发达根状茎。秆粗大直立，叶鞘长于节间，叶片扁平，上面与边缘微粗糙，抱茎。圆锥花序极大型，分枝稠密，斜升。颖果细小黑色。花果期9～12月份。

生长习性： 喜温暖，喜水湿，耐寒性不强。

观赏价值及园林用途： 植株刚劲挺拔，气势雄伟、壮观，是园林中常见的水生观赏草。用于水景园林背景材料，常种植于浅水区、水岸边或围墙下。

食用方法： 食用部位为芦竹的嫩芽。春季可采摘嫩芽，去杂洗净，用沸水浸烫一下，换冷水浸泡漂洗去除苦涩味，可凉拌、炖汤、炒食、煮食、蘸酱。

176 轮叶沙参

Adenophora tetraphylla (Thunb.) Fisch.

科属： 桔梗科沙参属

形态特征： 多年生草本。茎生叶轮生，叶片卵圆形至条状披针形，边缘有锯齿，两面疏生短柔毛。花序狭圆锥状，花序分枝（聚伞花序）大多轮生，花冠蓝色、蓝紫色。蒴果球状圆锥形或卵圆状圆锥形。花期7～9月份。

生长习性： 喜温暖湿润的环境，耐旱，忌连作。对土壤要求不严。

观赏价值及园林用途： 株形紧凑，花枝优美，是良好的秋季观花植物，可片植、群植，主要用于风景林地及山体公园中。

食用方法： 食用部位为轮叶沙参的块根和嫩茎叶。春夏两季采摘嫩茎叶，去杂洗净，用沸水焯熟后，换冷水漂洗揉干水分捞出，可凉拌、炒食、煮食。夏秋两季挖掘块根，去杂洗净可煮食。

177 罗勒

Ocimum basilicum L.

科属： 唇形科罗勒属

形态特征： 一年生草本。茎直立，钝四棱形，多分枝。叶卵圆形至卵圆状长圆形，叶柄伸长，近于扁平。总状花序顶生于茎、枝上，各部均被微柔毛，由多数具6花交互对生的轮伞花序组成。花冠淡紫色，或上唇白色下唇紫红色，伸出花萼。小坚果卵珠形，有具腺的穴陷。花期通常7～9月份，果期9～12月份。

生长习性： 喜温暖湿润气候，不耐寒，耐干旱，不耐涝。

观赏价值及园林用途： 叶色翠绿、花色鲜艳，叶和花香气袭人，株形美观，可用于美化环境。

食用方法： 幼茎叶有香气，可作为芳香蔬菜在色拉和肉的料理中使用。摘鲜嫩叶泡茶可去暑去湿，食用的部分主要是叶子，可以做菜、熬汤，还可以用作调料、酱料、泡茶，将罗勒和薄荷、薰衣草、柠檬和马鞭草混合来调制花草茶，可缓解疲劳。

178 落葵

Basella alba L.

科属：落葵科落葵属

形态特征：一年生缠绕草本。茎长可达数米，肉质，绿色或略带紫红色。叶片为卵形或近圆形，顶端渐尖，基部微心形或圆形，下延成柄，全缘，背面叶脉微凸起；叶柄上有凹槽。穗状花序腋生，花被片淡红色或淡紫色。果实球形，红色至深红色或黑色。花期5～9月份，果期7～10月份。

生长习性：喜温暖气候，耐热及耐湿性较强，不耐寒。

观赏价值及园林用途：花红、茎紫、叶碧绿，十分优美，适合庭院、阳台、篱笆等种植。

食用方法：嫩茎叶炒食、开水焯熟后凉拌或烧汤。

179　马鞭草

Verbena officinalis L.

科属：马鞭草科马鞭草属

形态特征：多年生草本植物。茎呈四棱形，有稀疏粗毛，近基部可为圆形。叶片卵圆形至倒卵形或长圆状披针形，基部为楔形，基生叶的边缘通常有粗锯齿和缺刻，茎生叶多数3深裂，裂片边缘有不整齐锯齿，两面均有硬毛。穗状花序顶生和腋生；花冠淡紫至蓝色。果长圆形。花期7月份，果期9月份。

生长习性：喜温暖气候，不耐寒，对土壤要求不严，不耐干旱。

观赏价值及园林用途：花色优雅别致，适合作地被植物。

食用方法：嫩茎叶可以晒干泡茶。

180 马齿苋

Portulaca oleracea L.

科属：马齿苋科马齿苋属

形态特征：一年生草本植物，全株无毛；茎平卧或斜倚，伏地铺散，多分枝，圆柱形。茎紫红色。叶互生，有时近对生，叶片扁平，肥厚，倒卵形，似马齿状，顶端圆钝或平截，有时微凹，基部楔形，全缘，上面暗绿色，下面淡绿色或带暗红色，中脉微隆起；叶柄粗短。花无梗，午时盛开；花瓣5，稀4，黄色。蒴果卵球形。花期5～8月份，果期6～9月份。

生长习性：性喜高湿，耐旱、耐涝，具向阳性，生存力极强；喜肥沃土壤。

观赏价值及园林用途：株形奇特，生长迅速，适合坡地绿化。

食用方法：马齿苋嫩茎叶沸水焯熟后凉拌或炒食，也可晒干腌制食用等。

181 马兰

Aster indicus L.

科属：菊科紫苑属

形态特征：多年生草本，根状茎有匍枝，有时具直根。茎直立，上部有短毛。基部叶在花期枯萎，茎部叶倒披针形或倒卵状矩圆形，全部叶稍薄质。头状花序单生于枝端并排列成疏伞房状。舌状花瓣，花瓣浅紫色。瘦果倒卵状矩圆形，极扁，5～9月份开花，8～10月份结果。

生长习性：喜冷凉、湿润的环境，耐寒性较强。喜肥沃土壤，耐旱亦耐涝，生命力强，生长于田边、路旁。

观赏价值及园林用途：叶片葱翠而花色秀雅，观赏性较强，是有名的地被绿化植物。

食用方法：新鲜幼嫩的地上部茎叶可作为一种营养保健型蔬菜食用。可炒食、焯熟后凉拌或做汤，香味浓郁，营养丰富。

182 马蹄金

Dichondra micrantha Urban

科属：旋花科马蹄金属

形态特征：多年生匍匐小草本。叶肾形至圆形，叶面微被毛，背面贴生短柔毛。花单生于叶腋，花冠钟状，黄色。蒴果近球形，小，膜质。一般在播种后的两个月便会开花，如春播在4～5月份进行，花期便在7月份左右；秋播在9～10月份进行，花期即12月份左右。

生长习性：生长于半阴湿、土质肥沃的田间或山地。耐阴，耐湿，稍耐旱，只耐轻微的践踏。

观赏价值及园林用途：形似马蹄，叶色翠绿，植株低矮，叶片密集、美观，耐轻度践踏，是一种优良的地被植物，适用于公园、庭院绿地等，也可用于沟坡、堤坡、路边等作地被植物。

食用方法：食用部位为马蹄金的嫩茎叶。春夏两季可采摘嫩茎叶，去杂洗净，用开水浸烫一下，换冷水浸泡漂洗，可炒食、煮食、炖食、凉拌、蘸酱。

183 绵枣儿

Barnardia japonica (Thunberg) Schultes & J. H. Schultes

科属： 天门冬科绵枣儿属

形态特征： 鳞茎卵形或近球形。基生叶狭带状，柔软。总状花序，具多数花；花紫红色、粉红色至白色，小。果近倒卵形。花果期7～11月份。

生长习性： 适应性强，耐寒、耐旱并耐半阴，生长于山坡、草地、路旁或林缘。

观赏价值及园林用途： 花色艳丽，持续时间长，具有较高的观赏价值。

食用方法： 新鲜鳞茎和红糖一起共煮熬制成粥，可以蒸食，也可作酿酒原料。

184 牡蒿

Artemisia japonica Thunb.

科属：菊科蒿属

形态特征：多年生草本。叶纸质，基生叶与茎下部叶倒卵形或宽匙形。球形头状花序，排列成圆锥状花序。瘦果小，倒卵形。花果期7～10月份。

生长习性：喜温暖湿润气候，较耐旱，抗寒性强。

观赏价值及园林用途：清明时节，长势最好，蒿叶鲜翠欲滴，清香，生命力顽强，是城市绿化和园林成片种植的观赏性植物。

食用方法：采摘新鲜嫩绿的牡蒿，用来炒食、焯熟后凉拌或者做汤，晒干后可以用来泡茶，也可用来做菜，比如牡蒿蒸嫩鸭。

185 柠檬草

Cymbopogon citratus (D. C.) Stapf

科属：禾本科香茅属

形态特征：多年生密丛型具香味草本。秆粗壮，节下被白色蜡粉。叶鞘无毛，不向外反卷，内面浅绿色；叶舌质厚。伪圆锥花序具多次复合分枝，疏散，分枝细长。第一颖背部扁平或下凹成槽，无脉，上部具窄翼；第二外稃狭小。花果期夏季，少见有开花者。

生长习性：喜温暖湿润环境，不耐寒，喜光照充足，对土壤的要求不高，但以排水良好的沙质壤土为好。

观赏价值及园林用途：一般用作室内绿植景观，散发的柠檬香气可以让室内环境清新宜人。

食用方法：常见的吃法就是用柠檬草来泡水喝，也可以打碎后作调料，或者和其他香料一起混合腌制肉类、海鲜等，由此为食物增加香味，常应用于海南鸡饭、泰式冬阴功汤等东南亚菜式。

186 牛至

Origanum vulgare L.

科属：唇形科牛至属

形态特征：多年生草本或半灌木。叶片卵圆形或长圆状卵圆形，上面亮绿色，常带紫晕两面披腺点。花序呈伞房状圆锥花序，开张，多花密集，由多数长圆状小穗状花序组成，花冠紫红、淡红至白色，管状钟形。小坚果卵圆形。花期7～9月份，果期10～12月份。

生长习性：喜温暖湿润气候，适应性较强。

观赏价值及园林用途：叶形讨喜，花朵颜色渐变，如同成串的玫瑰花，时刻散发出清香，花期长，常用作地被、花境植物或盆栽观赏。

食用方法：作为基本香料，供烹煮及烘烤肉类、肉饼、馅饼、炖菜类、瓦蒸锅类、鱼类、海鲜、蔬菜、色拉、面包、蛋类餐食等。

187 欧菱

Trapa natans L.

科属：千屈菜科菱属

形态特征：一年生浮水水生草本植物。根二型：着泥根细铁丝状，生水底泥中；同化根，羽状细裂，裂片丝状，绿褐色。叶二型：浮水叶互生，聚生于主茎和分枝茎顶端，形成莲座状菱盘；沉水叶小，早落。花小，单生于叶腋，两性，花白色。果三角状菱形，具4刺角。

生长习性：生长在温带气候的湿泥地中，如池塘、沼泽地。

观赏价值及园林用途：一种园林用途广泛的花卉，叶片菱形、规整，白花朵朵，是很漂亮的水面装饰水草。

食用方法：果肉可食，幼嫩时可当水果生食，老熟果可熟食或加工制成菱粉。嫩茎可作菜蔬，做成包子馅或菱秧丸子等。

188　苹果薄荷（花叶薄荷）

Mentha suaveolens Ehrhart

科属：唇形科薄荷属

形态特征：多年生草本，具地下及地上不结实枝。叶通常无柄，圆形、卵形或长圆状卵形，上面绿色，疏被柔毛，下面淡绿色，密被柔毛。轮伞花序在茎及分枝顶端密集呈圆柱形穗状花序，花冠白、淡紫、淡蓝或紫色。花期8～9月份。

生长习性：喜欢阳光充足、温暖湿润的生长环境，对土壤的要求不高，除了重碱地和重黏土地、沙地外，其他任何土壤都可种植。

观赏价值及园林用途：枝叶茂密，株形丰满，可以摆在室内点缀房间，是各种风景区以及疗养胜地的绿化植物。

食用方法：叶片味道清凉，富含营养，是一种绝佳的美味食材，不仅可以生吃，还可以煎、烤、炖、蒸，做成不同的美食；也可以被用来泡茶、泡咖啡以及拌成沙拉。

189　萍蓬草

Nuphar pumila (Timm) de Candolle

科属： 睡莲科萍蓬草属

形态特征： 多年水生草本。叶纸质，宽卵形或卵形，少数椭圆形，先端圆钝，基部具弯缺，裂片远离，上面光亮，无毛，下面密生柔毛，侧脉羽状。花单生，萼片黄色，花心红色，花茎伸出水面。浆果卵形，种子黄褐色。花期5～7月份，果期7～9月份。

生长习性： 喜温暖湿润、向阳环境，宜于深厚、肥沃河泥土中生长。

观赏价值及园林用途： 花多色艳，花期长，主要用于庭院绿化，通常多与睡莲、荷花、水柳配植。也可用作鱼缸水草。

食用方法： 根状茎为食用部位，有藕香，味道如栗子。根状茎秋季采摘，洗擦后去皮蒸熟，捣碎取米可以做成粥饭吃。

190　蒲公英

Taraxacum mongolicum Hand.-Mazz.

科属：菊科蒲公英属

形态特征：多年生草本。叶倒卵状披针形、倒披针形或长圆状披针形，边缘有时具波状齿或羽状深裂。花葶上部紫红色，密被蛛丝状白色长柔毛。头状花序，舌状花黄色，花药和柱头暗绿色。瘦果倒卵状披针形。花期4～9月份，果期5～10月份。

生长习性：广泛生长于中、低海拔地区的山坡草地、路边、田野、河滩。

观赏价值及园林用途：返青早、枯黄晚，春秋两季开花，花朵丰腴、花色鲜艳，果序绒球轻盈可爱，无论是地被种植还是盆景栽培都有较好的观赏价值。

食用方法：新鲜的或者是晒干的蒲公英，都可泡茶泡水。新鲜蒲公英可以凉拌（需沸水焯后）、清炒、做馅。

191　千里光

Senecio scandens Buch.-Ham. ex D. Don

科属：菊科千里光属

形态特征：多年生攀援草本。叶具柄，叶片卵状披针形至长三角形。头状花序有舌状花，在茎枝端排列成顶生复聚伞圆锥花序，花冠黄色。瘦果圆柱形，被柔毛。花期8月份至翌年4月份。

生长习性：生长于山坡、疏林下、林边、路旁。适应性较强，耐干旱，又耐潮湿。

观赏价值及园林用途：开花酷似菊花，花量大，适宜庭院棚架栽培观赏，亦可用于公园立体美化。

食用方法：鲜嫩叶可食用，一般用来摊饼。

192 千屈菜

Lythrum salicaria L.

科属： 千屈菜科千屈菜属

形态特征： 多年生草本。叶对生或三叶轮生，披针形或阔披针形。花组成小聚伞花序，簇生，因花梗及总梗极短，因此花枝全形似一大型穗状花序，花瓣红紫色或淡紫色。蒴果扁圆形。花期 7～8 月份。

生长习性： 喜温暖的生长环境。要求光照充足，一般需要生长的环境通风良好。

观赏价值及园林用途： 花色绚丽，清秀整齐，花期长。在园林中可丛植于河岸边、水池中，也可以作夏季各种花景、花境用花，既可露地栽培，也能盆栽或者切花。

食用方法： 嫩茎叶可作野菜食用。一般于 4～5 月间到野外采摘，从易折断处将千屈菜的嫩茎叶摘下，将鲜菜洗净，入沸水中焯熟，凉拌、炒食、做汤均可。也可切碎，拌面粉内蒸食。

193　千日红

Gomphrena globosa L.

科属：苋科千日红属

形态特征：一年生直立草本。叶片纸质，长椭圆形或矩圆状倒卵形，两面有小斑点、白色长柔毛及缘毛。花多数，密生，成顶生球形或矩圆形头状花序，常紫红色，有时淡紫色或白色。胞果近球形，种子肾形，棕色，光亮。花果期6～9月份。

生长习性：喜阳光，生性强健，早生，耐干热、耐旱，不耐寒、怕积水，喜疏松肥沃土壤。

观赏价值及园林用途：花期长，花色鲜艳，为优良的园林观赏花卉，是花坛、花境的常用材料，且花后不易落，色泽不褪，仍保持鲜艳，是常用的干花材料，还可作花圈、花篮等装饰品。

食用方法：花一般用于泡茶，也可以在干燥的千日红中倒入适量的黄酒，然后等待10分钟之后，再加入沸水，再泡10分钟左右就制成了千日红黄酒茶。

194 芡（芡实）

Euryale ferox Salisb. ex DC

科属：睡莲科芡属

形态特征：一年生大型水生草本。沉水叶箭形或椭圆肾形，两面无刺；浮水叶革质，椭圆肾形至圆形，两面在叶脉分枝处有锐刺；叶柄及花梗皆有硬刺。花单生，紫红色，数轮排列。浆果球形，暗紫红色，密被硬刺。花期7～8月份，果期8～9月份。

生长习性：喜温暖、阳光充足，不耐寒也不耐旱。生长在池塘、湖沼中。

观赏价值及园林用途：叶大肥厚，浓绿皱褶，花色明丽，形状奇特，与荷花、睡莲等水生花卉植物搭配种植、摆放，形成独具一格的景观效果。

食用方法：种子含淀粉，供食用（煮粥、煲汤）、酿酒及制副食品用。

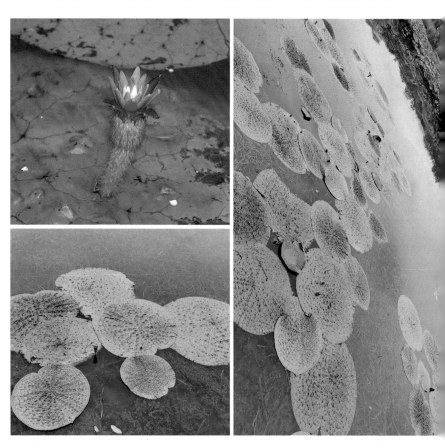

195 青葙

Celosia argentea L.

科属： 苋科青葙属

形态特征： 一年生草本，无毛。叶片矩圆披针形、披针形或披针状条形，绿色常带红色，具小芒尖。塔状或圆柱状穗状花序不分枝，花被初为白色顶端带红色，或全部粉红色，后成白色。胞果卵形，包裹在宿存花被片内。花期5～8月份，果期6～10月份。

生长习性： 喜温暖，耐热不耐寒。生长于平原、田边、丘陵、山坡。

观赏价值及园林用途： 穗状花序粉红，色彩淡雅，花序可宿存经久不凋，是竖线条的植物材料。青葙适应性较强，一般土地都可生长，易于养护，可以应用在园林花境、地被或庭院绿化中。青葙的株形直立，观赏期长，也适合用作切花。

食用方法： 鲜嫩苗叶及花序可食用，沸水焯熟后凉拌或炒食，其种子也可以代替芝麻制作糕点。

196 秋英（波斯菊）

Cosmos bipinnatus Cavanilles

科属：菊科秋英属

形态特征：一年生或多年生草本。叶二回羽状深裂。头状花序单生，舌状花紫红、粉红或白色，管状花黄色。瘦果黑紫色，无毛，上端具长喙，有尖刺。花期6～8月份，果期9～10月份。

生长习性：喜光，耐贫瘠土壤，忌土壤过分肥沃，忌炎热，忌积水，对夏季高温不适应，不耐寒。需疏松肥沃和排水良好的土壤。

观赏价值及园林用途：波斯菊株形高大，叶形雅致，花瓣美丽，颜色各异，清香似葵花，果实如小葵花籽，适于布置花境，在草地边缘、树丛周围及路旁成片栽植，也可植于篱边、山石、崖坡、树坛或宅旁，颇有野趣。重瓣品种可作切花材料。

食用方法：花可用来煮粥、做糕点、泡茶。

197 瞿麦

Dianthus superbus L.

科属：石竹科石竹属

形态特征：多年生草本。茎丛生，直立，上部分枝。叶片线状披针形，顶端锐尖，中脉特显。叶对生，多皱缩。茎圆柱形，节明显，略膨大。枝端具花及果实，花萼筒状，花1或2朵生于枝端，有时顶下腋生，淡红色或带紫色。蒴果圆筒形。花期6～9月份，果期8～10月份。

生长习性：喜阳，耐寒、耐旱，忌涝。

观赏价值及园林用途：花优雅别致，可布置花坛、花境或岩石园，也可盆栽或作切花。

食用方法：嫩茎叶，洗净，开水焯熟，再用清水浸洗，可凉拌、炒食。

198 芍药

Paeonia lactiflora Pall.

科属：芍药科芍药属

形态特征：多年生草本。下部茎生叶为二回三出复叶，上部茎生叶为三出复叶；小叶狭卵形、椭圆形或披针形。花数朵，生于茎顶和叶腋，有时仅顶端一朵开放，花瓣白色，有时基部具深紫色斑块。蓇葖果，顶端具喙。花期5～6月份，果期8月份。

生长习性：喜温，耐寒，有较宽的生态适应幅度。

观赏价值及园林用途：花大艳丽，品种丰富，在园林中常成片种植，花开时十分壮观，是当前公园中或花坛上的主要花卉。或沿着小径、路旁作带形栽植，或在林地边缘栽培，更有完全以芍药构成的专类花园，称芍药园。芍药也是重要的切花材料，或插瓶，或作花篮。

食用方法：干或鲜花可以用来泡茶、炖汤、煮粥、做饼。

199 肾茶

Orthosiphon aristatus (Blume) Miq.

科属： 唇形科鸡脚参属

形态特征： 多年生草本。叶菱状卵形或长圆状卵形，两面被短柔毛及腺点。聚伞圆锥花序，序轴密被柔毛，花冠淡紫或白色，被微柔毛，上唇疏被锈色腺点。小坚果深褐色，卵球形，具皱纹。花、果期5～11月份。

生长习性： 喜温暖湿润环境，对土壤要求不严，但以疏松肥沃、富含有机质的沙质壤土栽培为好。不耐寒。

观赏价值及园林用途： 叶子四季常绿，花序形如宝塔，而纤长的雌雄蕊如猫须般从花冠伸出，颇具萌态。花色淡雅，花香浓郁，花期颇长，宜成片种植于花坛中、小径旁，或作盆栽。

食用方法： 主要用于泡茶，被尊称为"圣茶"。

200 石斛

Dendrobium nobile Lindl.

科属： 兰科石斛属

形态特征： 茎直立，肉质状肥厚，稍扁的圆柱形，上部有回折状弯曲，基部明显收狭，不分枝，具多节，干后金黄色。叶革质，长圆形。总状花序从具叶或落了叶的老茎中部以上部分发出，花大，白色带淡紫色先端，有时全体淡紫红色或除唇盘上具1个紫红色斑块外，其余均为白色。花期4～5月份。

生长习性： 喜在温暖、潮湿、半阴半阳的环境中生长，不耐寒。

观赏价值及园林用途： 斛状花形独特，色彩斑斓多变，一般盆栽或用于艺术插花的创作。

食用方法： 茎可直接生吃，还可以和五谷杂粮磨成粉吃，泡茶、煲汤、泡酒、煮粥。

201 蜀葵

Alcea rosea Linnaeus

科属：锦葵科蜀葵属

形态特征：二年生直立草本。叶近圆心形，掌状浅裂或具波状棱角。花腋生，单生或近簇生，排列呈总状花序，花大，有红、紫、白、粉红、黄和黑紫等色，单瓣或重瓣。果盘状，被短柔毛。花期2～8月份。

生长习性：喜阳光，耐半阴，忌涝。

观赏价值及园林用途：花姿优美，花色亮丽，花朵开放繁茂，很适合用来打造花海、花境，或者种植在园林、庭院等地。

食用方法：蜀葵的鲜嫩叶与花瓣都可以食用，可炒蛋、做煎饼，也可以用来做菜食用。鲜花用来包糯米团加香肠或者腊肉，然后锅里蒸30分钟也是一道好看又美味的菜品。

202 水芹

Oenanthe javanica (Bl.) DC.

科属： 伞形科水芹属

形态特征： 多年生草本。基生叶有柄，基部有叶鞘；叶片轮廓三角形，1～2回羽状分裂，末回裂片卵形至菱状披针形。复伞形花序顶生，花瓣白色，倒卵形。果实近于四角状椭圆形或筒状长圆形，分生果横剖面近于五边状的半圆形。花期6～7月份，果期8～9月份。

生长习性： 喜湿润、肥沃土壤，耐涝及耐寒性强。一般生长于低湿地、浅水沼泽、河流岸边或水田中。

观赏价值及园林用途： 庭院观赏植物，可布置于园林湿地和浅水处。花虽小但量多，非常好看。

食用方法： 嫩茎及叶柄鲜嫩，清香爽口，可开水焯熟后凉拌、炒食，或当作香料与食品装饰物。

203　睡莲

Nymphaea tetragona Georgi

科属：睡莲科睡莲属

形态特征：多年水生草本，根状茎短粗。叶纸质，心状卵形或卵状椭圆形。花瓣白色，宽披针形、长圆形或倒卵形。浆果球形，为宿存萼片包裹。花期6～8月份，果期8～10月份。

生长习性：喜阳光充足、温暖潮湿、通风良好的环境。

观赏价值及园林用途：花叶俱美的观赏植物。睡莲可池塘片植和居室盆栽。还可以结合景观的需要，选用外形美观的缸、盆，摆放于建筑物、雕塑、假山石前。

食用方法：睡莲秆可以做成凉拌菜，撕掉外层的老皮，洗净切段后，放到沸水中焯2～3分钟，取出后放到冷水中降温，滤干后，加入调料拌匀。也可清炒。

204　菘蓝（板蓝根）

Isatis tinctoria Linnaeus

科属：十字花科菘蓝属

形态特征：二年生草本。茎直立，上部多分枝。叶互生，基生叶具柄，长椭圆形至长圆状倒披针形；茎生叶半抱茎。复总状花序顶生，花瓣黄色。短角果宽楔形。花期4～5月份，果期5～6月份。

生长习性：适应性较强，能耐寒，喜温暖，怕水涝。

观赏价值及园林用途：花似油菜花，但比油菜花更艳，香味更浓，花期更长。黄色小花娇艳动人，药香扑鼻。可丛植、片植。

食用方法：食用部位是根和茎叶，洗净后可直接素炒或者煮汤，也可洗净晾干后加入食盐、辣椒粉等腌制成咸菜。

205　天门冬

Asparagus cochinchinensis (Lour.) Merr.

科属：天门冬科天门冬属

形态特征：多年生攀援植物。根在中部或近末端呈纺锤状膨大。叶状枝通常每3枚成簇，扁平或由于中脉龙骨状而略呈锐三棱形，稍镰刀状。花通常每2朵腋生，淡绿色。浆果熟时红色。花期5～6月份，果期8～10月份。

生长习性：喜光，也可耐半阴，在温暖湿润的气候条件下生长良好，不耐严寒。

观赏价值及园林用途：观叶观果植物。亮绿色小叶有序地着生于散生悬垂的茎上，秋冬结红果，既有文竹的秀丽，又有吊兰的飘逸，非常具有观赏性，室内盆栽适宜吊挂在客厅、书房光照较好的地方，还可制成花篮、瓶插装点居室。

食用方法：鲜嫩叶可做菜，秋季挖取肥大块根食用，炒、煮均可，晒干的块根可用于泡酒、煮粥、熬汤。

206　土人参

Talinum paniculatum (Jacq.) Gaertn.

科属：马齿苋科土人参属

形态特征：一年生或多年生草本，根粗壮，圆锥形，有少数分枝，皮黑褐色，断面乳白色。茎直立，肉质，基部近木质。叶互生或近对生，叶片稍肉质，倒卵形或倒卵状长椭圆形。圆锥花序顶生或腋生，较大形，常二叉状分枝，花瓣粉红色或淡紫红色。蒴果近球形，3瓣裂，种子黑褐色或黑色，有光泽。花期6～8月份，果期9～11月份。

生长习性：喜温暖湿润的气候，耐高温高湿，不耐寒冷。

观赏价值及园林用途：株形优美，叶形别致，花色清新，种在花盆里，雅致大气。

食用方法：叶片可以当蔬菜食用，可做汤、凉拌、涮锅子，鲜嫩的肉质根，可以凉拌，宜与肉类炖食，叶片清脆可口，有药膳两用的作用。

207　夏枯草

Prunella vulgaris L.

科属：唇形科夏枯草属

形态特征：多年生草木。根茎匍匐，在节上生须根。叶卵状长圆形或卵形，先端钝，基部圆、平截或宽楔形下延，具浅波状齿或近全缘。轮伞花序密集组成顶生穗状花序，花冠紫、蓝紫或红紫色。小坚果黄褐色，长圆状卵珠形。花期4～6月份，果期7～10月份。

生长习性：喜温暖湿润的环境，能耐旱，适应性强。

观赏价值及园林用途：可以作为观赏地被植物，颜色和形态有些类似薰衣草，花序和果穗都有很高的观赏性，冬季也保持翠绿。园林中适宜大片布置作地被用，也可盆栽布置花坛、庭院。

食用方法：主要用来泡茶或者煲汤，也可以凉拌。

208 香茶菜

Isodon amethystoides (Bentham) H. Hara

科属：唇形科香茶菜属

形态特征：多年生草本，密被平伏内弯的柔毛。叶倒卵圆形或菱状卵圆形。花萼钟形，花冠白蓝、白或淡紫色。聚伞花序腋生或顶生，组成圆锥花序。小坚果卵球形，褐黄色，被黄或白色腺点。花期6～10月份，果期9～11月份。

生长习性：喜温暖湿润的环境，多生长于山坡林下、溪沟旁或路边草丛阴湿处。

观赏价值及园林用途：株形紧凑美观，花期长，在园林美化中具有极佳的绿化效果。

食用方法：嫩苗沸水焯过，换凉水浸泡后炒食、和面食搭配食用。

209 香蒲

Typha orientalis Presl

科属： 香蒲科香蒲属

形态特征： 多年生水生或沼生草本。根状茎乳白色。叶片条形，海绵状，叶鞘抱茎。顶生蜡烛状肉穗花序，浅褐色，雌雄花序紧密连接。小坚果椭圆形至长椭圆形。花果期5～8月份。

生长习性： 喜温暖湿润气候及潮湿环境。

观赏价值及园林用途： 叶绿穗奇，常用于点缀园林水池、湖畔，构筑水景，宜作花境、水景背景材料，也可盆栽布置庭院，因为香蒲一般成丛、成片生长在潮湿多水环境，所以，通常以植物配景材料运用在水体景观设计中。

食用方法： 其假茎白嫩部分（即蒲菜）和地下匍匐茎尖端的幼嫩部分（即草芽）可以凉拌（须开水焯熟后）、炒食、做馅；老熟的匍匐茎和短缩茎可以煮食。

210 蘘荷

Zingiber mioga (Thunb.) Rosc.

科属：姜科姜属

形态特征：多年生草本植物。叶片披针形或椭圆状披针形，叶背被极疏柔毛至无毛；叶舌，膜质，穗状花序椭圆形，花序近卵形，苞片红色；花冠管白色。蒴果内果皮红色；种子黑色，7～9月份开花；9～11月份结果。

生长习性：喜温暖湿润环境，较耐寒，不耐高温、干旱与积水。

观赏价值及园林用途：叶色碧绿，花独特优美，适合庭院种植。

食用方法：花蕾可炒吃，做泡菜，风味独特。

211　向日葵

Helianthus annuus L.

科属： 菊科向日葵属

形态特征： 一年生高大草本。茎直立，被白色粗硬毛。叶互生，心状卵圆形或卵圆形，顶端急尖或渐尖，有三基出脉，边缘有粗锯齿，两面被短糙毛。头状花序极大，单生于茎端或枝端，常下倾。舌状花多数，黄色、舌片开展，长圆状卵形或长圆形，不结实。管状花极多数，棕色或紫色，有披针形裂片，结果实。瘦果倒卵形或卵状长圆形，稍扁压，有细肋，常被白色短柔毛。花期7～9月份，果期8～9月份。

生长习性： 喜欢温暖的生长环境，原产于热带地区，对温度的适应性强，是喜温又耐寒的作物。

观赏价值及园林用途： 花盘形似太阳，花朵亮丽，颜色鲜艳，力度感好，纯朴自然，具有较高的观赏价值。广泛用于切花、盆花、染色花、庭院美化及花境营造等。

食用方法： 葵花籽，即向日葵的果实，可供食用和制油。

212 小花糖芥（糖芥）

Erysimum cheiranthoides L.

科属： 十字花科糖芥属

形态特征： 一年生草本。基生叶莲座状，无柄，平铺地面；茎生叶披针形或线形，边缘具深波状疏齿或近全缘。总状花序顶生，花瓣浅黄色，长圆形。长角果圆柱形，侧扁，稍有棱。花期5月份，果期6月份。

生长习性： 生长于山坡、山谷、路旁及村旁荒地，喜阳光，耐干旱，忌低洼积水地。

观赏价值及园林用途： 花量大，花期长，可用于街道、庭院、行道等处作花境造型，或在庭院、广场用作花坛、花带栽植。

食用方法： 春秋采挖鲜嫩植株，焯熟后，凉拌、做馅儿或是做菜饼。

213 荇菜

Nymphoides peltata (S. G. Gmelin) Kuntze

科属：睡菜科荇菜属

形态特征：多年生水生草本。上部叶对生，下部叶互生，叶片飘浮，近革质，圆形或卵圆形。花常多数，簇生于节上。蒴果无柄，椭圆形。花果期4～10月份。

生长习性：生长于池塘或不甚流动的河溪中。耐寒又耐热，喜静水，适应性很强。

观赏价值及园林用途：叶片小巧别致，似睡莲，鲜黄色的花朵挺出水面，绿中带黄。花朵较多，花期长，是庭院点缀水景的最佳选择之一。

食用方法：鲜嫩茎叶沸水焯熟后凉拌、炒食、和面蒸食、腌制咸菜。

214 萱草

Hemerocallis fulva (L.) L.

科属: 阿福花科萱草属

形态特征: 多年生草本。根近肉质,中下部有纺锤状膨大。叶条形。花葶粗壮,圆锥花序,花早上开晚上凋谢,无香味,橘红色至橘黄色。花果期5~7月份。

生长习性: 喜温暖、湿润的环境,耐寒,适应性比较强。

观赏价值及园林用途: 花色艳丽,花姿优美,可在花坛、花境、路边、疏林、草坡或岩石园中丛植、行植或片植。亦可作切花。

食用方法: 新鲜花蕾沸水焯熟之后凉拌或者炒食。

215 薰衣草

Lavandula angustifolia Mill.

科属：唇形科薰衣草属

形态特征：半灌木或矮灌木，分枝。叶线形或披针状线形，在花枝上的叶较大，疏离，被或密或疏灰色星状绒毛，干时灰白色或橄榄绿色，在更新枝上的叶小，簇生，密被灰白色星状绒毛，干时灰白色。轮伞花序，在枝顶聚集成间断或近连续的穗状花序。小坚果光滑。花期6月份。

生长习性：适应性强，适合在阳光充足、环境温暖的地方生长，主要生长在土壤深处，如松散透气的酸性土壤。

观赏价值及园林用途：叶形花色优美典雅，蓝紫色花序颀长秀丽，是庭院中多年生耐寒花卉，适宜花径丛植或条植，也可盆栽观赏。

食用方法：薰衣草很少直接食用，一般在甜点中作点缀装饰，也可以做香草茶。

216 鸭儿芹

Cryptotaenia japonica Hassk.

科属：伞形科鸭儿芹属

形态特征：多年生草本。茎表面有时略带淡紫色。基生叶或上部叶有柄，3小叶，中间小叶片呈菱状倒卵形或心形。复伞形花序呈圆锥状，花白色。分生果线状长圆形，合生面略收缩。花期4～5月份，果期6～10月份。

生长习性：喜冷凉气候，生长于低山林边、沟边、田边湿地或沟谷草丛中。

观赏价值及园林用途：冬季观叶的花园植物，叶片形态丰富，颜色清新亮眼，花朵清新淡雅，像是一只只灵动飞舞的白色蝴蝶。

食用方法：鲜嫩茎叶可食，清炒或者搭配鸡蛋、肉末、木耳等一起炒；炖汤时可搭配肉丝、猪肝等。

217　艳山姜（花叶艳山姜）

Alpinia zerumbet (Pers.) Burtt. et Smith

科属：姜科山姜属

形态特征：多年生草本。叶片披针形，顶端渐尖，有一旋卷的小尖头。圆锥花序呈总状花序，下垂，小苞片白色，顶端粉红色，蕾时包裹住花。蒴果卵圆形，被稀疏的粗毛，熟时朱红色。花期4～6月份，果期7～10月份。

生长习性：喜高温多湿环境，不耐寒，怕霜雪，喜阳光又耐阴，宜在肥沃而保湿性好的土壤中生长。

观赏价值及园林用途：叶色秀丽，花姿雅致，花香诱人，盆栽适宜厅堂摆设。室外栽培点缀庭院、池畔或墙角处，别具一格。

食用方法：食用新鲜嫩叶和嫩茎，嫩叶可切成细丝，用沸水焯熟后加入自己喜欢的调味料，制成凉拌菜。叶子也可用来包粽子。嫩茎则可以与烹饪时的姜一样使用。

218 野菊

Chrysanthemum indicum Linnaeus

科属： 菊科菊属

形态特征： 多年生草本，有地下长或短匍匐茎。基生叶和下部叶花期脱落，中部茎叶卵形、长卵形或椭圆状卵形。头状花序，多数在茎枝顶端排成疏松的伞房圆锥花序或少数在茎顶排成伞房花序，舌状花黄色，瘦果。花期6～11月份。

生长习性： 喜欢凉爽潮湿的气候，耐寒性强，对土壤要求低。

观赏价值及园林用途： 花期比较长，花朵小巧而又密集，颜色好看，广泛用于布置花坛、花境、庭院丛植等。

食用方法： 采集嫩叶及嫩茎，去杂洗净后用沸水浸烫，再用清水浸洗去除苦味，用来做汤、做馅、凉拌、炒食或晒干菜。花朵可泡茶喝。

219 薏苡

Coix lacryma-jobi L.

科属：禾本科薏苡属

形态特征：一年生粗壮草本，须根黄白色，海绵质。秆直立丛生，多分枝。叶鞘短于其节间，叶舌干膜质，叶片扁平宽大，基部圆形或近心形。总状花序腋生成束。雌花成熟时总苞球形，光亮坚硬。花果期6～12月份。

生长习性：多生长于湿润的屋旁、池塘、河沟、山谷、溪涧或易受涝的农田等地方。

观赏价值及园林用途：茎直立粗壮，植株高大挺拔，叶色翠绿，可以片植、块植或丛植，是驳岸和水体边缘的重要水景材料。

食用方法：熟薏苡种仁可做成粥、饭、汤、各种面食供食用。生吃易导致腹泻。

220 玉簪

Hosta plantaginea (Lam.) Aschers.

科属：天门冬科玉簪属

形态特征：多年生宿根植物。叶基生，成簇，卵状心形、卵形或卵圆形。花葶高40～80厘米，具几朵至十几朵花；花单生或2～3朵簇生，长10～13厘米，白色，芳香。蒴果圆柱状，有三棱。花果期8～10月份。

生长习性：喜阴湿环境，受强光照射则叶片变黄，生长不良，喜肥沃、湿润的沙壤土，性极耐寒。

观赏价值及园林用途：叶娇莹，花苞似簪，色白如玉，清香宜人，是中国古典庭院中重要花卉之一。在现代庭院中多配植于林下草地、岩石园或建筑物背面。也可三两成丛点缀于花境中，还可以盆栽布置于室内及廊下。

食用方法：采摘鲜花，去掉雄蕊，洗净，可炒食。

221 玉竹

Polygonatum odoratum (Mill.) Druce

科属： 天门冬科玉竹属

形态特征： 多年生草本，地下根茎横走，黄白色，密生多数细小的须根。茎单一，自一边倾斜，光滑无毛，具棱。叶互生，椭圆形至卵状矩圆形。花被黄绿色至白色，浆果蓝黑色。花期5～6月份，果期7～9月份。

生长习性： 耐寒且耐阴，适宜生长在潮湿环境中。

观赏价值及园林用途： 叶色浓绿，花朵淡雅别致，常成片生长，被广泛应用于建筑前后、办公室和家庭装饰等方面。

食用方法： 幼苗和地下根状茎为食用部分。嫩幼苗焯水后素炒、与肉类炒食、作汤食、蘸酱作凉菜拌食。地下根状茎鲜品，洗净用水浸泡一下直接上笼屉蒸食。最常见的食用方法是玉竹糖醋排骨和玉竹根茎炖鸡、鸭煲。

222　月见草

Oenothera biennis L.

科属：柳叶菜科月见草属

形态特征：直立二年生粗壮草本，基生莲座叶丛紧贴地面。基生叶倒披针形，茎生叶椭圆形至倒披针形。花序穗状，不分枝，或在主序下面具次级侧生花序，花管黄绿色或开花时带红色，萼片绿色，有时带红色。花瓣黄色，稀淡黄色。蒴果锥状圆柱形，向上变狭，绿色。种子在果中呈水平状排列，暗褐色，具棱角，各面具不整齐洼点。

生长习性：喜阳，耐旱，耐贫瘠，忌炎热，不耐寒，对土壤要求不严。

观赏价值及园林用途：株形丰满，花形柔美，色彩靓丽，花繁叶茂，芳香浓郁，观赏期长，可作大面积地被景观布置，适于在草坪边缘、向阳坡地成片栽植；也可以作为花境、花坛的花卉材料，在庭院和公园的路边栽植。

食用方法：月见草有多种不同的食用方法，可以提炼加工制成保健品，也可以采集新鲜的月见草加工晒干后煲汤或者煮水喝。

223　浙贝母

Fritillaria thunbergii Miq.

科属：百合科贝母属

形态特征：多年生草本。叶在最下面的对生或散生，向上常兼有散生、对生和轮生的，近条形至披针形。花淡黄色，有时稍带淡紫色。蒴果，棱上有宽翅。花期3～4月份，果期5月份。

生长习性：喜温暖湿润、阳光充足的环境。

观赏价值及园林用途：植株清秀，花似风铃，花色雅而不俗，是一种优秀的早春林下观赏花卉。适合盆栽或打造林下花海。

食用方法：浙贝母是极好的中药材，不仅可以药用，还可以食用。日常生活中可以用来泡茶喝：如准备浙贝母干燥鳞茎适量，搭配桑白皮，用热水泡开；或者炖汤，准备好浙贝母、知母、桑叶、杏仁、紫苏等药材，清洗干净后，将所有的材料放进砂锅中，加入适量的水煮半小时左右，浙贝知母汤就制作完成。

224 诸葛菜（二月兰）

Orychophragmus violaceus (Linnaeus) O. E. Schulz

科属： 十字花科诸葛菜属

形态特征： 一年或二年生草本。基生叶及下部茎生叶大头羽状全裂。花紫色、浅红色或褪成白色，长角果线形，具4棱。花期4～5月份，果期5～6月份。

生长习性： 喜阳，耐高温、耐寒性强。

观赏价值及园林用途： 花期长，花色淡雅优美，野趣盎然，可以营造出自然、美丽的景观效果，作为绿化观赏栽培，主要在乔灌木绿化带下作为地被植物套种，花坛或者花盆种植。

食用方法： 嫩茎叶焯水后即可炒食、蘸酱、做汤。种子可榨油。

225 紫萼

Hosta ventricosa (Salisb.) Stearn

科属：天门冬科玉簪属

形态特征：多年生草本植物。叶卵状心形、卵形至卵圆形，先端近短尾状或骤尖，基部心形或近截形；花葶可高达100厘米，花单生，盛开时从花被管向上骤然作近漏斗状扩大，紫红色；雄蕊伸出花被之外。蒴果圆柱状，6～7月份开花，7～9月份结果。

生长习性：喜阴湿环境，耐寒冷，好肥沃的壤土。

观赏价值及园林用途：叶碧绿，花雅致，株形优美，或丛植于岩石园或建筑物北侧作阴生地被。

食用方法：嫩茎叶，洗净，沸水烫熟，清水浸泡除去异味，可炒食、凉拌或做汤。采摘鲜花，去杂洗净，可拖面油炸。

226　紫花地丁

Viola philippica Cav.

科属：堇菜科堇菜属

形态特征：多年生草本，无地上茎。叶多数，基生，莲座状；叶片下部者通常较小，呈三角状卵形或狭卵形，上部者较长，呈长圆形、狭卵状披针形或长圆状卵形。花中等大，紫堇色或淡紫色，稀呈白色，喉部色较淡并带有紫色条纹。蒴果长圆形，无毛。花果期4月中下旬至9月。

生长习性：喜光，喜湿润的环境，耐阴也耐寒，不择土壤，适应性极强。

观赏价值及园林用途：花期早且集中，植株低矮，成长整齐，株丛紧密，便于更换和移栽布置，非常适合作为花境或与其它早春花卉构成花丛。

食用方法：鲜嫩幼苗或嫩茎焯水后炒食、做汤、和面蒸食或煮菜粥均可。

227　紫娇花

Tulbaghia violacea Harv.

科属： 石蒜科紫娇花属

形态特征： 多年生球根花卉，成株丛生状。叶狭长线形，茎叶均含韭味。顶生聚伞花序，花茎细长，自叶丛抽生而出，着花十余朵，花粉紫色，芳香。花期春至秋。

生长习性： 喜温暖，喜光照，不喜湿热环境，耐寒性好；不择土壤，以肥沃的沙质壤土为佳。

观赏价值及园林用途： 花娇小可爱，清新宜人，园林中可用于园路边、林缘带状片植观赏，也可用于冷色系花境配植，也适合假山石边、岩石园点缀，或用于庭院营造小型景观，盆栽可用于阳台、天台等处装饰。

食用方法： 其茎叶均含有韭味，还可以像韭菜一样食用，炒食、沸水焯熟后凉拌、做汤等，味道鲜美。

228 紫苏

Perilla frutescens (L.) Britt.

科属：唇形科紫苏属

形态特征：一年生草本。茎钝四棱形，具四槽，密被长柔毛。叶阔卵形或圆形，膜质或草质，两面绿色或紫色，或仅下面紫色，上面被疏柔毛，下面被贴生柔毛。轮伞花序顶生或腋生，花白色至紫红色。小坚果近球形。果期8～12月份。

生长习性：喜温暖湿润的气候，对土壤要求不严。

观赏价值及园林用途：叶片颜色有绿色和紫色两种，风格迥异，其味道清新，还有如同薰衣草一样的紫色花束，观赏性高，用于布置庭院花坛、花境，适合庭院中墙边成片栽培。

食用方法：鲜嫩叶可食用，煮肉类可增加香味，也可以煎炸、生拌、火锅涮食。种子榨出的油也供食用。

229　紫菀

Aster tataricus L. f.

科属：菊科紫菀属

形态特征：多年生草本，根状茎斜升。茎直立，基部有纤维状枯叶残片且常有不定根。叶互生，全部叶厚纸质。头状花序，在茎和枝端排列成复伞房状，舌片蓝紫色。瘦果倒卵状长圆形。花期7～9月份，果期8～10月份。

生长习性：耐涝，怕干旱，耐寒性较强。

观赏价值及园林用途：株形美观，叶片细小，花朵密集，色彩明媚，对比强烈。可作为秋季观赏花卉，用于布置花境、花地及庭院。

食用方法：根或根茎可泡酒、泡茶、炖粥，幼嫩苗炒食。

230 紫叶鸭儿芹

Cryptotaenia japonica Hassk. 'Atropurpurea'

科属：伞形科鸭儿芹属

形态特征：多年生草本，叶片紫红色，广卵形，中间小叶菱状倒卵形。圆锥状复伞花序顶生，花粉红色。荚果线性。花期4月份至5月份。

生长习性：喜半阴，全光暴晒下会焦叶，喜湿润、排水良好的土壤条件。

观赏价值及园林用途：色泽艳丽，一般用作彩叶地被，在相对萧瑟的冬季，与佛甲草等常绿多年生草本配植，可起到取长补短和锦上添花的效果。作地被植物成片栽植时，与上层乔灌木进行合理配植，不仅能丰富群落层次，而且能增添景观效果。

食用方法：嫩苗及嫩茎叶可以凉拌（须焯熟后）、做汤、炒肉、腌渍等。